U0315606

Technological Strategies for
Intelligent Mining Subject to
Multifield Couplings in
Deep Metal Mines toward 2035

面向 2035 的
金属矿深部多场耦合
智能开采发展战略

蔡美峰　谭文辉　郭奇峰　任奋华　著

北　京

冶 金 工 业 出 版 社

2024

内 容 提 要

本书详细介绍了国内外金属矿智能开采研究布局和现状，描述了矿业领域技术态势，梳理了金属矿深部安全高效开采面临的复杂作业环境及环境识别技术难题，提出了智能化开采需要解决的技术瓶颈和核心技术装备，形成了面向2035年的金属矿深部多场耦合智能开采战略技术路线图，可为金属矿智能化基础研究和关键技术装备研发提供方向。本书对我国金属矿产资源可持续开发与供给有重要的战略意义，对金属矿深部安全高效精准开采理论体系的建立有重要的科学价值，也将为我国建设世界一流矿业强国提供重要的技术支撑。

本书可供矿业研究和设计单位的研究设计人员、矿山企业领导和工程技术人员以及国家矿业管理部门与机构的领导干部阅读，也可供高等院校采矿工程专业的教师和学生参考。

图书在版编目（CIP）数据

面向2035的金属矿深部多场耦合智能开采发展战略 /
蔡美峰等著. -- 北京：冶金工业出版社，2024. 11.
ISBN 978-7-5240-0007-5

Ⅰ. TD853

中国国家版本馆 CIP 数据核字第 2024FZ3923 号

面向 2035 的金属矿深部多场耦合智能开采发展战略

出版发行	冶金工业出版社	电 话	(010)64027926
地 址	北京市东城区嵩祝院北巷 39 号	邮 编	100009
网 址	www. mip1953. com	电子信箱	service@ mip1953. com

责任编辑 曾 媛 刘思岐 美术编辑 彭子赫 版式设计 郑小利
责任校对 郑 娟 责任印制 禹 蕊
北京博海升彩色印刷有限公司印刷
2024 年 11 月第 1 版，2024 年 11 月第 1 次印刷
710mm×1000mm 1/16；13.25 印张；256 千字；196 页
定价 128.00 元

投稿电话 (010)64027932 投稿信箱 tougao@cnmip.com.cn
营销中心电话 (010)64044283
冶金工业出版社天猫旗舰店 yjgycbs.tmall.com
（本书如有印装质量问题，本社营销中心负责退换）

前　言

2018 年 6 月，习近平总书记在两院院士大会上提出"向地球深部进军""着力推动传统行业智能化改造升级"等方针政策，为矿业未来发展指明了方向。开展深部智能化开采技术研究，进行国家中长期战略规划，具有重要意义。

大富矿的深部开采是我国金属矿产资源开发面临的迫切问题，超大规模深井采矿是今后保证我国金属矿产资源供给的最主要途径。随着深度的增加，开采作业面临高地应力、高温、高渗透水压等一系列问题，必须解决应力场、温度场、渗流场耦合作用带来的一系列工程难题，同时大力发展智能化无人采矿，在提高生产效率的同时从根本上解决人员安全问题。

2018 年，本人作为非能源矿业领域负责人参与完成"中国工程科技 2035 发展战略研究（能源与矿业领域）"项目，对面向 2035 的能源与矿业工程技术发展趋势进行了前瞻判断，选择关系全局和长远发展的重点方向、优先发展主题与关键技术群，研究提出了面向 2035 的战略思路、发展目标与工程科技发展路线图，明确了非能源矿业领域重点任务与实施路径，提出了需要优先开展的基础研究方向、重大工程以及重大工程科技专项建议。在此研究基础上，中国工程院在"中国工程科技中长期发展战略研究"中启动"面向 2035 的金属矿深部多场耦合智能开采战略研究"项目，由中国工程院和国家自然科学基金联合资助。

"面向 2035 的金属矿深部多场耦合智能开采战略研究"项目组开展专家调研工作，组织高校、研究院、企业单位相关专家对我国金属矿深部开采中亟待解决的工程科技难题进行了讨论，总结了领域技术发展现状、重大科技需求和未来发展趋势，并借鉴国内外技术预见成果、重大科技项目指南，形成了技术清单并邀请相关专家撰写技术说明，后经中国工程院战略咨询中心审查建议及相关领域院士专家组讨论，确定了相关技术清单，面向国内专家进行技术清单调查，最后经技术预见、态势分析、专家研判，历时两年完成了项目研究工作。项目调研及研究成果总结于此书，重点包括以下几个方面内容：

（1）系统总结了国内深部金属矿山多场耦合开采现状及智能化建设程度。"安全性差"和"效率低"是我国深部金属矿面临的两个重要难题，安全性差是因为在深部高应力、多源强扰动和高岩溶水压等因素作用下，深部开采过程极易发生大面积岩层崩塌、冒顶和岩爆等灾害；效率低是因为深部金属矿开采存在工艺流程长、提升难度大、作业环境温度高、作业分散不连续等特点，导致人员劳动生产率低，生产成本急剧增加。在国家政策支持和技术创新驱动下，我国的智能矿山建设已经初具规模，数字化、信息化和智能化技术的大量应用显著提升了矿山技术设备、生产控制、安全管理和经营管理的综合水平，促进了矿业的科学发展，为解决深部金属矿山面临的难题奠定了基础。

（2）详细介绍了国外金属矿智能开采研究布局和现状，以加拿大、瑞典、芬兰为代表，从国家战略层面出台了相关计划，推进适应深部多场耦合环境的智能化开采技术攻关和装备研发。加拿大提出了2050计划和"UDMN/2.0"计划，旨在建成全智能无人化矿山，实现卫星遥控。瑞典制订了"Grountechnik/2000"计划，建成了阿特拉斯等一批智能采矿领军企业。芬兰启动了国家智能矿山IM、IMI研发计划，推动了山特维克等矿山设备智造领军企业的发展。欧盟启动了"地平线2020"科研规划，着力研究国际竞争性科技难题。此外，美国、南非、澳大利亚、智利等矿业大国均有矿山智能化的相关战略规划，正在逐步推进矿山智能化建设和开采运营。

（3）借助中国工程院战略咨询智能支持系统（ISS）平台和科睿唯安公司的Web of Science（WOS）数据作为分析数据来源，进行全球深部金属矿山多场耦合智能开采文献分析和专利分析，完成了领域技术态势分析报告和技术路线报告。面向2035的金属矿深部多场耦合智能开采战略态势分析的研究，对于我国金属矿深部开采基础理论体系的建立具有重要的科学价值，为我国建设一流矿业强国提供了重要的应用前景。

（4）确定了5个前沿方向和25项关键技术。研究深部资源开采基础理论，提出了以采矿为主导的高效开采技术与理论。探讨深部岩体多场耦合机制，总结了深部岩体原位应力行为和多场耦合条件下的岩体损伤理论。指出深部智能化开采需要重点研究"深部开采环境智能感知""深部开采过程智能控制"和"深部开采系统智能管控"三个层面的理论和技术。

（5）指出了深部金属矿多场耦合智能开采基础研究方向。最终确定了深部全场地应力测量及构造应力场重构、深部多场环境参量与地球物理参数的本构关系、深部多场耦合作用下岩体力学特征及破坏机理、深部智能化连续采选理论技术四个基础研究方向，明确了深部金属矿多场耦合智能开采技术重点及战略重点，制订了深部金属矿多场耦合智能开采重大工程与科技专项建议，提出了深部金属矿多场耦合智能开采重大保障措施与决策建议。

（6）提出了研发深部金属矿多场耦合智能开采关键技术装备。开发深部开采环境智能感知装备，形成了深井开采空间信息多变条件下的深部采矿环境感知技术与装置集成。研发深部开采过程智能作业装备，研究深部金属矿智能化连续开采理论、深部井巷通风装置智能调控理论、深部采掘装备无人化智能作业技术，构筑适合中国深井作业条件的智能作业装备。开发深部开采系统智能管控平台，构筑基于工业混合云平台的矿山大数据整合与数据挖掘，并实现基于云技术平台的全产业链"产、学、研、用"一体化运行模式。

本书围绕"面向2035的金属矿深部多场耦合智能开采战略研究"项目的工作内容和研究成果，介绍了该领域技术需求和发展态势，详述了亟待发展的关键前沿技术、基础研究方向、关键技术装备、技术发展路线图及支撑保障建议。所述成果对我国金属矿产资源供应保障有重要的战略意义，对我国金属矿深部开采基础理论体系建立具有重要的科学价值，对我国建设一流矿业强国有着重要的应用前景。

本书所述成果在技术预见和专家研判环节得到了国内外诸多专家学者及一线企业工程技术人员的支持，项目受到中国工程院能源与矿业学部、中国工程院战略咨询中心、国家自然科学基金委的大力支持和协助，在此一并感谢。本书的出版得到2023年度国家科学技术学术著作出版基金的资助，特此致谢。

本书编著分工如下：第 1 章，蔡美峰；第 2~6 章，谭文辉；第 7 章，任奋华；第 8~11 章，郭奇峰；第 12~13 章，蔡美峰。

　　吴星辉、颜丙乾、汪炳锋、李阳、张亚飞、王保库、袁帅、张丽萍等博士与硕士研究生参与了项目的调研和资料收集、分析与整理工作，在此表示衷心的感谢。

蔡美峰

2022 年 10 月 30 日

目　　录

1 概 论

1.1 研 究 背 景

经过多年开采，中国的浅部矿产资源正逐年减少，有的已近枯竭。中国金属矿山 90% 左右为地下矿山，在 20 世纪 50 年代建成的一批地下金属矿山中，60% 因储量枯竭已经或接近闭坑，其余 40% 的金属矿山正逐步向深部开采过渡。深部开采是中国金属矿产资源开发面临的迫切问题，也是今后保证中国金属矿产资源供给的最主要途径。

目前，辽宁红透山铜矿开采深度超过 1300 m，吉林夹皮沟金矿超过 1400 m，云南会泽铅锌矿和六苴铜矿开采深度达到 1500 m，河南灵宝崟鑫金矿开采深度达到 1600 m。近几年正在兴建或计划兴建的一批大中型金属矿山基本上都为深部地下开采。例如，本溪大台沟铁矿的矿石储量为 53 亿吨，矿体埋深达 1060~1460 m，开采设计规模（矿石）为 3000 万吨/年；同处本溪地区的思山岭铁矿的矿体埋深达 800~1200 m，矿石储量为 25 亿吨，开采设计规模为 1500~3000 万吨/年；山东济宁铁矿的矿石储量为 20 亿吨，矿体埋深达 1100~2000 m；同期即将建成的位于鞍山地区的西鞍山铁矿的矿石储量达 17 亿吨，开采规模也将达到 3000 万吨/年。因此，中国将有一批矿山的开采规模达到世界地下金属矿山的最高水平。同时，中国在 2000 m 以下深部还发现了一批大型金矿床，如山东三山岛西岭金矿，其金属储量达到 550 t，矿体埋深达到 1600~2600 m。据不完全统计，中国约三分之一的地下金属矿山在未来 10 年内开采深度将达到或超过 1000 m，其中最深可达 2000~3000 m。

进入深部开采后，矿床地质构造和矿体赋存环境将严重恶化，面临破碎岩体增多、地应力增大、涌水量加大、井温升高等问题，深部开采过程中极易发生大面积岩层崩塌、冒顶和岩爆等灾害，严重威胁作业人员的人身安全和设备安全，导致矿山面临着"安全性差"和"效率低"两大难题。现阶段，中国金属矿深部开采需要面对和解决的挑战与难题主要包括五个方面：金属矿深部开采动力灾害预测与防控、深井高温环境与热害控制及治理、深部非传统采矿方法研究、深井遥控自动化智能采矿、适应深部开采的选矿新工艺与新技术。总的来说，引起金属矿深部开采所面临的关键难题的根本原因之一是深部的多场耦合复杂开采环境，即岩体在应力场、温度场、渗流场以及化学场等相互影响和相互作用下的复杂行为特征与破坏机制。而未来解决金属矿深部开采所面临的关键难题的有效手段便是金属矿深部智能开采技术，包括深部环境智能感知、深部开采智能控制和深部矿山智能管控三大体系。

2018年6月，习近平总书记在两院院士大会上提出"在关键领域、'卡脖子'的地方下大功夫"，以及"向地球深部进军""着力推动传统行业智能改造升级"等方针政策，为矿业的未来发展指明方向。因此，开展深部智能化开采技术研究，符合党和国家中长期战略规划且具有重要意义。"面向2035的金属矿深部多场耦合智能开采战略研究"被列入"中国工程科技中长期发展战略研究"2018年度领域战略研究项目，由中国工程院批准，国家自然科学基金委立项资助。

面向2035年，研究多场耦合条件下的智能开采战略，通过调研国内外金属矿深部应力场、温度场、渗流场的分布特征，总结多场耦合作用下金属矿面临的开采难题和灾害，梳理目前国内外采取的应对措施和策略，研究金属矿深部开采环境的多场耦合机制和致灾机理，揭示深部复杂开采环境多物理场耦合（以下简称"多场耦合"）作用下的岩体变形特征与破坏机制，构建深部力、温度、水、化学相互作用下的多场耦合模型，是中国金属矿深部安全高效开采的基础保证。提出以应力为主导的能量调控、高温控制和利用、水资源控制和利用技术的战略发展方向。

智能开采技术可解决深部矿产资源开采难度大、安全风险高和作业效率低的难题，为深部资源开发提供新思路。智能开采是应对不断恶化的深部开采条件和环境条件，最大限度地提高劳动生产率和采矿效率，保证开采安全的最根本、最有效、最可靠的方法。基于此，开展面向2035的金属矿深部多场耦合智能开采战略研究，对中国金属矿产资源的供应保障有重要的战略意义，对中国金属矿深部开采基础理论体系的建立具有重要的科学价值，对中国建设一流矿业强国有着重要的应用前景。

1.2 研究路线

本书研究主要通过现场调研、资料查阅、文献检索、专家咨询、专题讨论的方式，调查中国和世界其他国家金属矿深部应力场、温度场、渗流场的分布特征，总结深部多场耦合开采面临的问题和当前采用的智能开采技术方案，梳理出当前存在的"卡脖子"难题。总结了深部高地应力、高温、高岩溶水压以及多源强扰动等多场耦合开采环境对深部开采提出的新挑战，提出深部地质与应力环境精准探测、深部多场耦合灾害智能识别与精准控制、金属矿深部高效连续开采理论及技术、深部采掘装备智能化作业与控制技术等基础研究需要攻克的技术难题。

　　为全面了解全球在金属矿深部多场耦合智能开采领域的整体研究进展，以中国工程院战略咨询智能支持系统（ISS）平台和科睿唯安公司的 Web of Science（WOS）数据作为分析数据来源，利用关键词和同义词构建检索策略。运用 iSS 平台上的论文分析和专利分析功能，基于金属矿深部多场耦合文献数据和金属矿智能开采机械设备与多场耦合开采技术专利数据，对该领域的技术态势进行分析。从不同的维度，对金属矿深部多场耦合智能开采领域目前的总体态势进行宏观分析，梳理出该领域的关键热点和前沿技术清单，如图 1-1 所示。

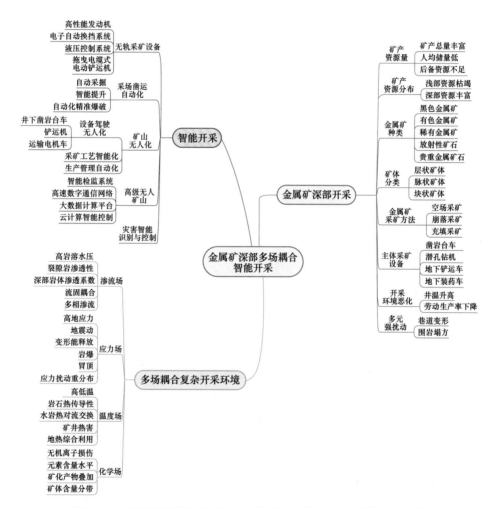

图 1-1　金属矿深部多场耦合智能开采领域的关键热点和前沿技术清单

　　由蔡美峰院士牵头开展专家调研工作，组织高校、研究院、企业单位相关专家和工程技术人员对金属矿深部多场耦合智能开采领域亟须解决的工程科技难题进行讨论，借鉴国内外技术预见成果、重大科技项目指南，总结该领域技术的发展现状、重大科技需求和未来发展趋势，最终形成面向 2035 的金属矿深部多场耦合智能开采技术路线图。

1.3 研究内容

针对金属矿深部多场耦合智能开采需要面对和解决的关键技术难题和相关问题，主要开展以下几个方面的系统研究。

（1）国内外金属矿深部智能开采方案的研究。通过现场调研、文献检索、资料查询，调研国内外金属矿智能开采研究布局和现状，着重参考加拿大 2050 计划和 UDMN2.0 计划、瑞典 Grountecknik2000 计划、芬兰 IM 和 IMI 研发计划、欧盟地平线 2020 规划、澳大利亚未来矿山计划、南非 AziSA 计划，总结国内外智能开采方案，精准掌握智能开采未来的发展方向。

（2）金属矿深部多场耦合智能开采基础研究方向的研究。调研国内金属矿深部应力场、温度场、渗流场的分布情况，总结深部高地应力、高温、高岩溶水压以及多源强扰动等多场耦合开采环境对深部开采提出的新挑战。提出深部地质与应力环境精准探测、深部多场耦合灾害智能识别与精准控制、金属矿深部高效连续开采理论及技术、深部采掘装备智能化作业与控制技术等基础研究需要攻克的技术难题。

（3）金属矿深部多场耦合开采技术重点及战略重点的研究。梳理和细化新型深部地质与应力环境探测技术与装备，提高地应力测量、岩体结构识别、温度、渗流场和地下复杂空间探测的准确性。研发开采扰动响应精准识别和多场耦合智能在线监测技术，开展多场智能反演的动态分析和深部岩体智能匹配支护研究，实现深部开采多场动态一体化调控。提出深部金属矿床连续采矿原理及采场结构设计方法，实现基于大规模爆破的采-充协同智能连续作业。开发深部金属矿山连续机械采掘技术与装备，形成深部非爆智能化连续采矿技术体系。开发具有自主产权的深部采掘装备无人化智能作业与控制技术，建立金属矿深部复杂环境下多装备自适应协同作业技术体系。

（4）金属矿深部多场耦合智能开采重大工程与科技专项建议。根据前期调研结果和我国现状，提出金属矿深部多场耦合智能开采重大工程与科技专项建议。

（5）金属矿深部多场耦合智能开采重大保障措施与决策建议。根据前期调研结果和我国现状，提出金属矿深部多场耦合智能开采重大保障措施与决策建议。

1.4 研究目标

掌握我国金属矿深部地应力场、温度场、渗流场的分布特征及区域差异性，研究深部地质与地应力环境精准探测、多场耦合作用机理、灾害智能识别与精准控制、智能化开采及协同作业机制，建立防治与综合利用相结合的智能开采技术体系，制订金属矿深部多场耦合智能开采发展战略和策略。

2 国外金属矿山深部智能开采现状及其发展趋势

2.1 国外金属矿山深部智能开采发展历程

从 20 世纪 90 年代开始，芬兰、加拿大、瑞典等国家为取得在采矿领域的竞争优势，先后制定了"智能化矿山"和"无人化矿山"的发展规划；芬兰提出了智能矿山技术研究计划（IM）——从 1992 年至 1997 年历时 5 年，通过对资源和生产的实时管理、设备自动化和生产维护自动化三个领域的研究，初步建立智能矿山技术体系，提高露天矿和地下矿的生产效率和经济效益。1997 年以后，芬兰在此基础上进一步提出了智能矿山实施研发技术计划（IMI），历时 3 年，通过实施先进技术，开发出机械装备与系统，并在奥托昆普公司凯米地下矿进行了开发试验。

2008 年，力拓集团启动了"未来矿山"计划，在皮尔巴拉铁矿部署了围绕计算机控制中心展开的无人驾驶卡车、无人驾驶火车、自动钻机、自动挖掘机和推土机等运输建设。2017 年末，英美资源集团技术总监 Tony O'Neill 在伦敦矿业与金融会议上表示，英美资源正在投资发展采矿技术，力争在未来 5~7 年内逐步用全智能化自动采矿覆盖其所有采矿业务。

加拿大安大略省萨德伯里矿业创新卓越中心（Centre for Excellence in Mining Innovation，CEMI）提出了建立加拿大的超深采矿联盟（Ultra-Deep Mining Network，UDMN）的倡议，斥资 4600 万美元（2015—2019 年），旨在解决地表以下深度达 2500 m 处采矿所涉及的四个主要战略主题，即降低岩石应力灾害、减少能耗、提升矿石运输与生产能力、改进工人安全性，如图 2-1 所示。

加拿大已经完成论证并开始实施采矿自动化项目（MAP）五年计划——基于国际镍公司研发的地下高频宽带通信系统，研发遥控操作、自主操作和自调整系统等核心技术。这使得加拿大在采矿自动化技术方面处于国际领先地位，保持了采矿工业的竞争优势，并形成了新的支柱技术产业。加拿大还制定了一项拟在 2050 年实现的远景规划，即在加拿大北部边远地区建设一个无人化矿山，通过卫星操控矿山的所有设备，实现机械破碎和自动采矿[1]。

欧盟启动了三项有代表性和前瞻性的课题：

（1）未来智能深矿井的创新技术与理念（Innovative Technologies and

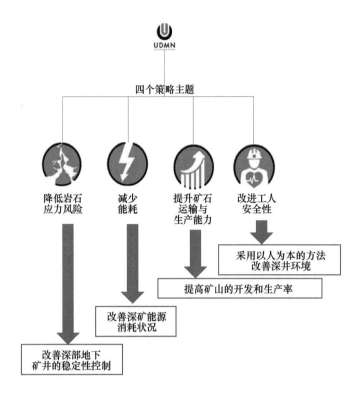

图 2-1　超深采矿联盟研究主题

Concepts for the Intelligent Deep Mine of the Future，I2mine)[2]，旨在开发新的深部地下矿物资源和废物处置方法、技术，以及必要的机器和设备，以提高矿物的回收率，降低矿物开发中伴生废物的运输量，减少地面设施，降低矿物开发对环境的影响，实现深部开采的安全、生态和可持续；

（2）热、电、金属矿物的联合开发（Combined Heat，Power and Metal extraction，CHPM2030)[3]，旨在提高地下资源及地热能源的综合利用率，通过开发一种新颖的、潜在的颠覆性技术解决方案，可以帮助满足欧洲在能源和战略金属方面的需求；

（3）利用生物技术从深部矿床中提取金属的新采矿理念（New Mining Concept for Extracting Metals from Deep Ore Deposits using Biotechnology，IOMOre)[4]（2015—2018 年），旨在联合传统采矿和原位生物浸取，对地下 1000 m 以下的金属资源进行开发，并实现最小的环境影响。

可见，进行智能化开采战略研究是深部资源开采的趋势，进行深部智能开采战略研究意义重大。

2.2　国外智能化矿山与技术实例

2.2.1　瑞典基律纳铁矿

　　基律纳铁矿[5]是瑞典国有控股的国际化的高科技矿业集团 LKAB 公司旗下的一座地下矿山，位于瑞典北部，深入北极圈200 km，是世界上纬度最高的矿产基地之一，是已经建成的第一座智能化的地下铁矿山。基律纳铁矿是目前世界上最大、现代化程度最高的地下矿山之一，也是目前欧洲唯一正在开采的特大型铁矿。

　　矿区自然气候环境恶劣，极昼和极夜现象明显，全年中有一大半时间被大雪覆盖，严寒难耐。基律纳铁矿的主矿体呈一倒立的楔块状，走向长4 km，平均厚度为80 m，平均埋深为2 km。勘探发现矿石的品位随着埋深越来越高，最高达70%。该矿目前开采深度为1365 m，年产矿量2750 万吨。

　　1965 年，基律纳铁矿由露天开采转入地下开采后，一直采用特大规模无底柱分段崩落法开采并沿用至今，分段高一般为50~55 m，采矿方法如图 2-2 所示。

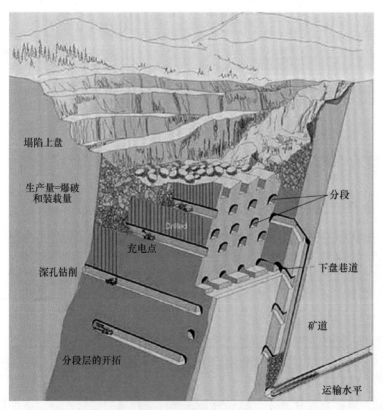

图 2-2　分段崩落采矿法

基律纳铁矿山已基本实现无人化智能采矿，在井下作业面除了看到检修工人在检修外，几乎看不到其他工人，几乎所有操纵均由远程计算机集控系统完成，自动化程度非常高。

基律纳铁矿智能化主要得益于大型机械设备、智能遥控系统的投入使用，以及现代化的管理体系，高度自动化和智能化的矿山系统和设备是确保安全高效开采的关键。具体包括以下几方面。

2.2.1.1 开拓

基律纳铁矿采用竖井+斜坡道联合开拓，矿山有 3 条竖井，用于通风、矿石和废石的提升，竖井安装了斗容为 75 t 的箕斗提升矿石，人员、设备和材料主要用无轨设备通过斜坡道运送。主提升竖井位于矿体的下盘，到目前为止，采掘面和主运输系统已经下移了 6 次，历史开采先后形成的主运输水平有 -275 m、-320 m、-420 m、-540 m 和 -775 m 水平，目前的主要运输水平在 -1045 m 水平。主斜坡道位于矿体北部的下盘，坑口在工业场地附近，标高为 +230 m，在进口段为单车道、双巷，延伸至 -420 m 水平时合并成为一条双车道的单巷斜坡道，以直线折返形式向下延深与各生产水平、辅助水平联结。斜坡道的坡度为 1∶10，双车道断面尺寸为 8 m×5 m，巷道局部采用喷锚网支护，路面均进行了硬化处理。

井下开采从采准巷道掘进、采场钻孔、爆破、采场装载出矿、运输、卸矿至矿仓、胶带输送至箕斗、竖井提升到矿石成品运输的开采工艺流程如图 2-3 所示。

基律纳铁矿多年的安全高效开采得益于分段崩落法的成功应用，这种采矿方法的优点主要有：

（1）有利于大规模、机械化、高强度开采；

（2）井下作业场所比较安全；

（3）采矿工艺灵活，开采工作面易灵活调整，可多个作业面同时回采；

（4）回采工艺简单，生产设备和开采工序可实现标准化。

基律纳铁矿缺点和不足主要为矿石贫化较大，以及采场底部出矿时，多在独头的巷道中作业，通风难度较大。

2.2.1.2 钻孔装药与爆破

巷道掘进采用凿岩台车，台车装有三维电子测定仪，可实现钻孔精确定位。巷道掘进采用深孔掏槽，孔深一般为 7.5 m，孔径为 64 mm。采场凿岩采用瑞典阿特拉斯公司生产的 Simba W469 型遥控凿岩台车，孔径为 115 mm，最大孔深为 55 m，该台车采用激光系统进行准确定位，无人驾驶，可 24 h 连续循环作业。

采场大直径（115 mm）深孔（40~50 m）装药使用山特维克公司的装药台车，炸药为抗水性好、黏度高的乳化炸药，可以预装药，不受孔内积水影响，返

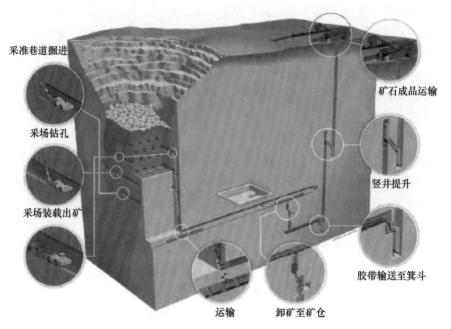

图 2-3　开采工艺流程

药量少。爆破网络为人工连接，一般采用分段导爆管雷管、导爆管和导爆索网络。

2.2.1.3　矿石远程装载和运输与提升

目前，基律纳铁矿采场凿岩、装运和提升都已实现智能化和自动化作业，凿岩台车和铲运机都已实现无人驾驶。矿石装载采用阿特拉斯公司生产的 Toro2500E 型遥控铲运机，斗容 25 t，单台效率为 500 t/h，周平均出矿量为 3.0~3.5 万吨，该铲运机无废气排放、粉尘少、噪声小、使用寿命长，便于集中维修。

井下运输系统有胶带运输和有轨自动运输两种类型，胶带运输主要负责井下破碎站至提升箕斗段运输，有轨自动运输一般由 8 列矿车组成，矿车为连续装、卸载的自动化底卸车，每列矿车的容积为 17 m^3。

胶带输送机自动将矿石从破碎站运送到计量装置中，竖井箕斗在指定位置停稳后，矿石自动装入箕斗，工作人员按下手柄，提升机随即起动，将箕斗提升至地表卸载站后，箕斗底门自动打开，完成卸矿。装载和卸载过程为远程控制。

2010 年，为了提高产量，提高设备的可靠性和效率，矿山对提升系统进行了大规模改造，对用于停车和紧急制动的液压盘式制动器进行了检修，安装了新型传感器。通过技术改造，提升系统实现了智能化。

2.2.1.4 遥控混凝土喷射支护加固技术

巷道支护采用喷锚网联合支护。喷射混凝土厚度一般为 3~10 mm，由遥控混凝土喷射机完成（图 2-4），锚杆和钢筋网的安装使用锚杆台车完成（图 2-5）。大量智能遥控机械设备的投入使用，大大减少了支护的工作量和成本，提高了支护效果。

图 2-4　遥控混凝土喷射机　　　　　图 2-5　锚杆和钢筋网的安装

2.2.2 日出坝金矿

位于西澳的日出坝金矿（Sunrise Dam）[6]为了应对全球经济调整的严峻形势，采用物联网、人工智能和大数据分析预测等最新技术，进行了企业战略调整，实施了精益敏捷的生产管理方式。日出坝金矿与 Maptek 和 MinLog 等公司合作，成功部署了智能矿山管理系统 MineSuite，实现了矿山进度计划与井下生产现场之间的无障碍沟通，完整有效地连接了企业经营价值链的各个环节。

日出坝金矿的经理、地测采工程师、班组长使用 MineSuite，对生产过程中产生的所有数据进行了有效的分析，用于指导作业经营，大大提高了矿山生产效率；有效地整合了调度计划与实际生产和物流，无缝连接第三方管理系统，保证了数据在集成系统中的实时传输和分享；MineSuite 采用先进的井下网络通信系统，在恶劣环境下数据能够自动采集，在通信盲区可以实现信息存储和及时传输与分享；实现了 IT 及通信设施投资、支持和维护成本最小化，以及效益最大化，很好地完成了生产任务计划与实际现场作业之间的无障碍沟通，使得矿山企业运营价值链中的各个环节完整地连接起来。

MineSuite 由多个功能模块组成，如矿山信息管理模块、矿山工厂化管理模块、生产进度计划模块、车辆调度管理模块、车辆调度终端模块、车辆调度数据模块、车辆安全模块、有轨运输安全模块、矿山分布式通信模块。矿山用户可以根据自身的具体情况，选用一个或多个模块，灵活机动地组合起来，满足不同的业务需求。

MineSuite 为生产调度管理人员、地质测量采矿技术人员以及第一线作业人员提供了统一数据采集和决策支持管理平台，可对生产任务进行规划、监督、调度和控制；能够完成生产任务规划、设备调度以及作业监督，可以随时根据情况变化调整生产调度计划；能够进行井下物流跟踪、人员及物料定位、运输管理；能够实现通风动态控制。

MineSuite 的一个重要优势，就是能够充分利用井下分布式网络通信技术，结合车载计算机、物联网和井下传感技术，可以快速找到设备调度的最短路径，有效地消除井下通信盲点。

MineSuite 优势还包括：

（1）对生产过程中产生的所有数据进行有效分析，用于指导井下作业，大大提高矿山生产效率；

（2）有效整合调度计划与实际生产和物流；

（3）无缝连接第三方管理系统，保证数据在集成系统中的实时传输和分享；

（4）实现恶劣环境下数据自动采集，通信盲区条件下信息传输和及时分享；

（5）IT 及通信设施投资、支持和维护成本最小化，实现效益最大化。

日出坝金矿地测采工程师使用 Maptek 数字矿山软件 Vulcan、Eureka、Evolution 等，完成了地质建模、验证和数据模型整合，进行了开采、凿岩爆破和矿石铲运设计。所有这些数字化过程和结果需要通过智能矿山统一协调和管理，在各相关方之间充分交流和共享。

矿山数字化内容包括：

（1）矿体的三维地质建模；

（2）中长期生产计划的制订；

（3）采场及凿岩爆破三维设计；

（4）矿石铲运排班计划；

（5）井下数据采集和处理（包括传感器及三维激光扫描数据）；

（6）矿山化验室信息管理。

日出坝金矿充分利用地下矿专用三维激光扫描仪 I-Site SR3 和安全监测技术 Sentry，对采场形态变化、生产进度、矿堆料堆和物流情况进行实时测量和实时监控，为智能矿山系统提供及时可靠的一手数据。

由于智能矿山建设的复杂性和阶段性，日出坝金矿像许多矿山一样，已经部署了其他分属不同厂家、具有不同用途的软硬件系统。MineSuite 智能矿山系统，能够兼容其他第三方系统，避免系统排他性，以免造成业主的重复投资浪费。

根据以往的经验，井下数据采集系统所采集的数据都多多少少存在格式不同、误差较大、使用范围较窄等问题。MineSuite 数据整合系统为地测采工程师提供了数据快速修正和验证辅助工具以及数据输入 API，保证了进入系统的数据真实可靠。

2.2.3 加拿大国际镍公司

加拿大国际镍公司（Inco）[7]从 20 世纪 80 年代初开始研究遥控采矿技术，目标是实现整个采矿过程的遥控操作。1982 年，Inco 将铜崖北矿确定为试验矿山，自动化技术、计算机和激光技术的应用在那里获得了较大进展；1994 年，Inco 和自动化采矿系统公司等联合成立了一个小组，在斯托比矿试验了从地表控制的凿岩自动化试验；1996 年，Inco 与诺贝尔公司等组成联合体，投资 2700 万美元，在铜崖北矿 175 矿体实施了为期 5 年的自动采矿计划（MAP）；1999 年，Inco 公司在地面的一栋大楼内设立了一个中央控制站，对该公司所属的多个矿山、多个矿体的开采活动进行集中自动控制。

目前，Inco 公司在 Stobie 矿和 Greighton 矿分别有 6 台和 8 台遥控采矿设备投入运行。地下矿山的采、掘、运均实现了无人作业，即无人采矿（hands-off mining），仅当设备出现故障时，维修人员才会到达采掘现场。其主要技术包括如下方面。

2.2.3.1 远程遥控采矿技术核心

Inco 公司远程遥控采矿的核心部件是自主开发的一个能在地下获取定位数据的名叫 HORTA 的装置。将该装置安装在地下观测车上，当观测车在地下或矿体内部巷道中漫游时，HORTA 就会利用其激光陀螺仪和激光扫描仪在水平面和垂直面上扫描矿山巷道的断面，进而产生巷道的三维结构图。将完善后的 HORTA 装置，安装在钻机等其他装置上，安装了 HORTA 装置的钻机可自动驶往目标巷道，自动完成开凿作业，然后自动驶往下一巷道。

2.2.3.2 Inco 公司 MAP 系统计划

A 宽带通信系统

Inco 和 IBM 在 20 世纪 90 年代初就已成功开发了先进的移动计算机网络，具有高容量（2.4 GHz）的网络主干；在每个中段设 2.4 GHz 容量的无线电传送器（radio cell）或分布式天线中继器（distributed antenna translator）；在工作面以漏泄同轴电缆与计算机网络相连，即可在地表和矿井下 1200 m 深度范围内传输数字、音频和视频信息；通过此宽带通信系统，能从地表操纵多台井下采矿设备。

B 定位与导航

由于 GPS 不适用于井下，因此 Inco 移植了军事部门的技术，采用环形激光陀螺仪和加速仪测量系统，成功开发了地下定位系统，能够在采矿允许的误差范围内使移动设备实时定位。

陀螺仪和加速仪构成一个复杂的系统，结合机载计算机可生成准确的地理位置图像，激光扫描仪可提供输入计算机系统的用于确定设备在矿图上位置的数据；操作者可据此准确定位设备并从地面进行遥控操作。

C 掘进凿岩

Sadvik Tamrock 公司的 DataMini 是 1000 V 电液驱动的双臂凿岩台车。依靠装在台车上的四个摄像头，操作者可从地面遥控其运行、就位、凿岩、退钎。

设在地面的计算机系统，指导台车凿岩的炮孔位置、角度和深度，从台车收集炮孔角度、方向、深度、钻进时间、炮孔移位等数据。

该台车采用 5 m 长的钎杆，可自动钻凿孔径为 48 mm 的炮孔，钻进速度为 2 m/min。研制这一台车时最大的技术难点是在不更换钎头的条件下，凿完一个掌子面的 77 个炮孔。

D 采矿凿岩

Data Solo 是 1000 V 电液驱动的深孔凿岩台车，其数据传输和自动操作系统同 DataMini。该台车可在 360 °范围内自动钻凿直径为 100 mm、下向孔深为 55 m、上向孔深为 40 m 的深孔。这台设备的技术难点在于如何将大量岩粉移到台车后，以便其他设备将其运走。

E 装药和爆破

诺贝尔公司为 MAP 提供了两个爆破系统：采用微型芯片技术的电子起爆系统，包括电子雷管、遥控爆破器和爆破软件；散装、可重复泵送、可变密度、可变能量的乳化炸药装药系统。需要完善的技术包括遥控寻找和确定炮孔、遥控清理炮孔、制作起爆药包并将其装在炮孔内、遥控连接雷管脚线。

F 铲运机

Sadvik Tamrock 公司的 Toro T450D 型铲运机是铲斗容积为 5.4 m³ 的遥控柴油铲运机，具有采用光缆系统和遥控操作选择的自动导向功能。

Inco 已在其生产矿山使用此类设备数年，出矿量达数百万吨。

G 采矿生产系统（MOS）

采矿生产系统是一个遥控采矿过程的监控系统，它负责捕捉、处理遥控采矿过程的信息，为工程设计、管理、遥控操作、维修提供支持，并通过内部网为员工提供服务。

依据实时过程信息，可对每一生产操作工序做出决策，修订工作计划，安排维修和服务计划，部署设备并检查其状态，对生产过程实行连续的实时监控。

H 实施 MAP 的效果

过去需要 16 名凿岩工和 10 名维修人员采用 5 台潜孔钻机完成的工作量，现在只需要 6 名操作人员、6 名维修人员采用 3 台 Tamrock Solo 1060 钻机就可完成。

在装载、卸载远程遥控、运行自动化的情况下，LHD 的利用工时从过去每天的 15 h 增加到现在的 20 h，工作循环从现在的 24 h 一个循环提高到三个循环，采矿劳动生产率可从现在的 3350 吨/（人·年）提高到 6350 吨/（人·年）。

2.2.4 智利特尼恩特（EI Teniente）铜矿

智利特尼恩特（EI Teniente）铜矿[7]是全球最大的地下矿山，地质储量为 40 亿吨，铜储量为 6776 万吨，伴生矿物有金、银、钼，日出矿量达 10 万吨，采矿方法为自然崩落法，其在自动铲运机出矿方面颇具特色。

智利特尼恩特（EI Teniente）铜矿采用的是山德维克的 AutoMine 系统，控制室设在地表，距生产区约 15 km。控制室中有两名工作人员，一人负责操作地下铲运机，随时可将铲运机在线转至遥控等待、自动或遥控操作状态，而无须停车；另一人负责生产计划和协调工作。

AutoMine 系统也称为地下矿山自动化矿石运输系统，被广泛应用于加拿大、芬兰、智利、南非及澳大利亚等国的卡车、铲运机上。其特点如下：

（1）自动行驶及卸矿、远程遥控铲斗装矿；

（2）操作人员在控制室进行控制，一个操作员可控制数台铲运机及卡车；

（3）运行状态及生产监控、交通控制、导航系统无需基础设施；

（4）与外部系统兼容接口；

（5）适用于不同的应用场合、灵活的作业区域隔离系统。

2.2.5 澳大利亚奥林匹克坝铜铀矿

澳大利亚奥林匹克坝铜铀矿[7-8]隶属于国际矿业巨头必和必拓，是世界上最大的充填法矿山，该矿是一个铜-铀-金-铁-稀土综合矿，整个矿区探明矿石储量为 20 亿吨，平均含铀 0.051%（100 万吨）、铜 1.6%（3200 万吨）、金 0.68 g/t（1200 t）。

1997 年，开始进行自动化 LHD 铲运机（图 2-6）项目研究。

1999 年，将 MINEGEM 系统安装在卡特彼勒公司（Caterpillar）的 ElphinstoneR2900 型铲运机上，控制中心设在地表，通信采用光纤和微波无线电网络。

2003 年，首次实现由 1 名操作者从地表控制中心同时遥控两台铲运机和一台安装在卸载点的碎石机。

奥林匹克坝矿采用了 Minesuite 矿山信息处理管理模块、井下通信网络模块、车辆调度管理模块；共有 50 辆开采铲运设备、300 辆辅助车辆、1500 个矿灯，装有特制的井下 Wi-Fi 定位标签。

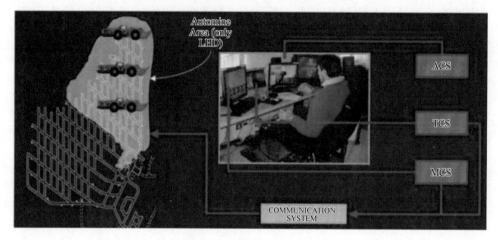

图 2-6　LHD 自动化出矿

2.2.6　Koodaideri 矿山

2018 年 11 月 29 日，全球第二大铁矿石矿商——力拓（Rio Tinto）宣布，耗资 26 亿美元的 Koodaideri 矿山项目已全面获批，将在西澳洲打造全球首个纯"智能矿山"项目[9]。

力拓首席执行官 Jean Sébastien Jacques 曾透露，Koodaideri 铁矿将成为集团有史以来技术最先进的矿山，并在采用自动化和使用数据来提高安全性和生产率方面为行业树立新的基准。

Koodaideri 矿山项目拥有 70 多项创新，将由一个遍布着机器人、无人驾驶矿车、无人卡车、无人钻机和无人运货火车的智能设备网络组成。

截至 2017 年 12 月 31 日，Koodaideri 矿石储量为 5.98 亿吨，铁含量为 61.9%。该储备包括 269 万吨探明储量和 329 万吨可能储量。Koodaideri 将为力拓在皮尔巴拉的世界级铁矿石业务提供新的生产中心，包括加工厂和基础设施，以及连接矿山和现有网络的 166 km 铁路线。

Koodaideri 矿山项目于 2019 年开工建设，已于 2021 年投产，该矿拥有 4300 万吨的年产能，支撑着力拓旗舰铁矿石产品 Pilbara Blend 的生产。Koodaideri 第二阶段的扩建预计将 Koodaideri 生产中心的年产能提高到 7000 万吨以上。

力拓旨在利用更高水平的自动化和数字化，帮助提供更安全、更高效的矿山，预计这将使力拓成为其行业基准 Pilbara Blend 产品的最低成本贡献者。通过使用数字资产、先进的数据分析和自动化，将大大加强 Koodaideri 的运营和维护。

力拓首次用世界上最大的机器人实现铁矿石的运输，在西澳拥有自己的铁路和智能火车（图 2-7），全长 1700 多千米，24 列火车在远程控制中心的遥控下，要一天 24 小时不停运转。目前，力拓的自动火车系统已经正式投入运营，是世界上首个全自动远程重载铁路网络，运营着世界上最大、最长的机器人[10]。

图 2-7 力拓自有的铁路和智能火车

力拓的铁矿部门采用世界最大的无人驾驶卡车系统。由 73 辆卡车组成的自动运输车队正在皮尔巴拉的三处矿区应用，自动驾驶卡车系统使力拓的装载、运输成本下降了 15%。

2.2.7 布鲁库图矿

淡水河谷是一家全球性的矿业公司，淡水河谷布鲁库图（Brucutu）矿山成为巴西首个自动化运营的矿山。截至 2019 年底，矿区全部 13 辆卡车均采用自动驾驶（图 2-8）。截至 2021 年 6 月，布鲁库图矿区的自动驾驶卡车已累计运输矿石 1 亿吨。累计行驶 180 万千米，总里程相当于绕地球 46 圈。

图 2-8 240 t 运力的自动驾驶卡车与监测自动驾驶卡车的运行情况

这些自动驾驶卡车是长达 6 年研究与测试的成果，已被用于矿山的日常运营，负责将铁矿石从开采区运往选矿厂。布鲁库图矿山由此将成为巴西首座自动化运营的矿山。

与传统运输方式相比，自动化运营系统的生产力更高。自动驾驶的拖运卡车能显著提高矿山的生产力，还能延长设备的使用寿命，减少零部件损耗，降低维护成本。

基于技术市场数据，淡水河谷预期设备的使用寿命将延长 15%，燃料消耗与维护成本将降低 10%。此外，卡车的平均速度也有望提升。

自动驾驶也有利于环境保护，由于其使用的燃料更少，因此二氧化碳和微粒的排放也更低。

2.2.8　罗伊山矿-Maptek 智能矿山

罗伊山铁矿是澳洲第四大矿山，年产能为 5500 万吨高品位铁矿石。自 2017 年起，罗伊山矿和 Maptek 组成跨企业、跨地域的联合科研项目组，把人工智能、深度学习和虚拟现实等最新技术结合起来，成功应用于智能矿山建设。该科研项目主要研究新技术的应用，改进或替代传统建模方法，目前已经取得阶段性成果如下[11]：

（1）用 Python 语言创建 AI 矿体建模函数库。

（2）开发自动流程管理工具，统一管理建模方法脚本。

（3）利用多高斯克里金算法构建强大的资源估算统计计算工具。

（4）与加拿大 LlamaZoo 公司共同开发沉浸式资源可视化平台 MineLife （图 2-9）。

（5）具有先进的企业级数据管理云计算平台。

完善的矿产资源建模是实现智能矿山的第一步，及时动态更新的矿产资源信息和矿体建模在矿山生产过程中意义重大，是智能矿山的核心业务。罗伊山矿第一次尝试把机器学习应用于动态资源勘探建模，构建了矿体认知路线图。

将深度学习与建模相结合，应用于地质数据分析应用、风险识别以及其他不确定现象的预测，从少量的可用数据中分析出可靠的结果及其可置信度。人工智能和机器学习在矿业的创新性应用尝试，改变了采矿从业人员的传统思维模式。该项目获得 2018 年澳洲矿业创新奖。

2.2.9　马里夏玛金矿

2018 年，澳大利亚珀斯矿企 Resolute Mining 宣布将在其开发的南非马里夏玛（Syama）金矿全面推广无人驾驶卡车、装载车与钻头设备，从而在非洲打造全球首个地下全自动化矿井开采[12-13]。

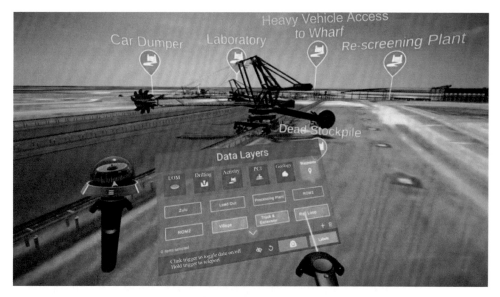

图 2-9　罗伊山矿资源可视化平台示意图

全自动化矿井开采将提升矿山的产能，削减高达 30% 的采矿成本并增加安全性。在 Syama 的矿场将有约 22 件自动化设备。作为 Resolute 的 Syama 金矿自动化设备的供应商，Sandvik 将负责提供移动设备和培训工作人员以及操作和维护设备。

根据一份为期 16 年的电力供应协议（PSA），英国公司 Aggreko 将为 Syama 金矿安装一个新的混合动力发电厂，包括太阳能和电池储存，预计将减少 Syama 40% 的电力成本和约 20% 的碳排放。

2.3　国外深部矿山智能开采展望

根据采矿行业对智能开采技术的发展要求，智能开采的关键技术由智能探测、智能导航和智能控制三个部分组成，因此未来智能开采将围绕这三个部分进行发展[14]。

2.3.1　开采智能探测

开采智能探测是指对采场未知区域的自动探查和检测，用于指导采矿机俯仰采控制和摇臂调高、岩石的自动识别等，可分为矿岩分界和超前探测等专业领域。

2.3.1.1　矿岩分界

采用太赫兹技术利用单天线进行多普勒雷达脉冲的发送和接收，信号在通过矿岩层时会减弱，并且遇到矿岩界面时会发生反射。反射波的速度相位滞后或从发射波到反射波被接收的时间间隙，除与发射波频率、矿和顶板岩性等可测知的因素有关外，还与电磁波在矿石中穿越的路程（即矿石厚度）有关。通过对接收到的反射波进行信号处理，可以确定矿石厚度。

2.3.1.2　超前探测

超前探测系统无须预先求取矿岩的物理特性，适用范围更广，具有可靠的精度，在多数围岩条件下都能够良好地运行。但是也存在其固有的问题，即在具有波散射性质的矿石中表现不好，探测范围小，发射器功率偏低，深入矿石的深度范围有限，需要未来功率更大的信号源支持来克服信号在矿石内的衰减。

2.3.2　开采智能导航

开采智能导航是指利用先进的计算机、光电和导航技术对开采设备和人员进行自动定位，以实现安全监控和精确开采。围绕采矿设备姿态定位、设备安全感知、工作面直线度控制、视频图像处理等多种关键技术，对采矿机器的精准导航定位技术进行研究。

2.3.2.1　光纤惯性导航

作为一种自主式的导航方法，惯性导航完全依靠载体上的设备自主地确定出载体的航向、位置、姿态和速度等导航参数，并不需要外界任何的光、电、磁参数。采掘装备的精确导航是实现智能开采的必要技术，根据我国矿井下装备自动导航的落后局面，在分析当前国外矿井的导航技术水平后，借鉴在国内航天、航空和航海中普遍应用的惯性导航技术，并将其引入矿井下的精确定位系统中，逐步实现矿石采掘装备的自主导航功能。

2.3.2.2　三维雷达

雷达探测防碰撞系统是一种安装在采煤机上的主动安全系统，是一种可以向采矿机的操作人员预先发出视听报警信号的探测装置。传统的雷达是二维的，测得的距离定位是一个平面，但如果要将雷达探测用于矿石智能开采过程中的防碰撞，则还需要增加垂直方向的距离检测。

2.3.3　开采智能控制

根据开采条件的变化自动调控采掘过程，使智能化采掘设备与自动调度决策集为一体，融合采矿机智能记忆截割、液压支架智能跟机自动化、工作面运输系统矿流平衡、智能集成供液、工作面可视化视频监控、远程遥控、三维虚拟现实、一键启停等多项技术，建立以成套装备总控制网络为核心，单机装备为执行机构的智能控制模式，解决关键元部件以及控制系统等方面的技术难题，实现综采成套装备智能化开采技术新突破，形成具有集成套装备安全感知、信息可靠传输、动态决策、协调执行于一体的智能开采系统。

2.3.4 多传感器融合技术的应用

尽管现有的测量方法可满足使用要求，但由于矿石赋存和井下环境的不确定性，以及智能化工作面的数据采集量大，容易导致某种传感器阶段性失效或者漂移率增加，因此有必要综合运用多传感器融合技术，建立可靠的优化模型，提高系统运行的冗余性能。

2.3.5 完善智能化开采软件系统

智能化开采软件系统不是各个子系统之间的简单叠加，而是多个系统的高度耦合，系统间的参数相互联系紧密，潜在的因素可能引起决策进程的不确定性，因此需要不断采用新技术、新算法，以逐步提高系统的动态响应能力、鲁棒性、可靠性。

2.3.6 建立矿山物联网络系统

智能化综采工作面需要在复杂环境下的生产网络内实现人员、设备及基础设施的协同管理与控制，这依赖于物联网技术的发展。其须解决的关键技术主要有安全信息分布式传感、生产过程协同控制、受限异质空间传感网实时传输及动态组网、安全信息识别与处理等。

总的来看，采矿工作智能化开采技术的核心是要实现远程可控的少人（无人）精准开采技术与装备，远程可控的少人（无人）开采技术与装备是实现矿石智能化开采的必要技术手段。主要以采矿机记忆截割、液压支架自动跟机及可视化远程监控等技术与装备为基础，以生产系统智能化控制软件为核心，研发远程可控的少人（无人）精准开采技术与装备。

参 考 文 献

［1］ 上海有色网．［SMM 专题］机器人如何改变全球矿业 谁人欢呼谁人独舔伤口？［EB/OL］．（2018-05-21）．https：//mp. weixin. qq. com/s/720wOtwAMHLtsk45A7HBsA.

［2］ I2Mine. Project overview［EB/OL］.（2016-09-20）http：//www. i2mine. eu.

［3］ CHPM2030：Combined Heat，Power and Metal extraction［EB/OL］.（2019-10-15）http：//www. chpm2030. eu.

［4］ Biomore. A project for winning deep ores［EB/OL］. http：//www. biomore. info/ project/.

［5］ 文兴．基律纳铁矿智能采矿技术考察报告［J］．采矿技术，2014，14（1）：4-6.

［6］ 孟丹．天河道云．国外智能矿山建设（一）：以日出坝金矿为例［EB/OL］.（2018-09-19）. https：//mp. weixin. qq. com/s/TmV2YdR_LKgi8QhzTINueQ.

［7］ IntelMining 智能矿业．远程遥控、无人矿山，全面解析 3 家全球智能矿山建设领航者

［EB/OL］．（2018-09-13）．https：//mp. weixin. qq. com/s/LAiYBawZDwpB4R3S0h97DQ.

［8］ 李长根．澳大利亚奥林匹克坝铜-铀矿山［J］．矿产综合利用，2012（4）：64-68.

［9］ 邱丹丹．力拓 26 亿美元项目获批！全球首个纯"智能矿山"真的要来了吗?！［EB/OL］．（2018-12-01）．https：//mp. weixin. qq. com/s/YQmzBNcoF18MZXYI3_ viOQ.

［10］ 矿冶园科技资源共享平台．力拓计划投资 22 亿美元打造全球首个智能矿山［EB/OL］．（2018-04-16）．https：//mp. weixin. qq. com/s/Ldb1S2QRm3slX_ ycX4B39A.

［11］ 孟丹．［天河道云］罗伊山矿有智能：Maptek 专家一席谈［EB/OL］．（2018-10-22）．https：//mp. weixin. qq. com/s/dApzJsU4D737skewdtE74g.

［12］ IntelMining 智能矿业．全球首个地下全自动矿井要来了，矿工怎么办？［EB/OL］．（2018-08-17）．https：//mp. weixin. qq. com/s/1weGOiMym2YrzB4ks_ eWkg.

［13］ 蓝冠：Syama 金矿开采太阳能和电池储存．（2019-12-19）．http：//www. ycpolice. com/jzb/1021. html.

［14］ 峯斯基．智能化开采技术发展方向［EB/OL］．（2018-06-11）．https：//mp. weixin. qq. com/s/H9EgsK7K44h5TznzPl-M8Q.

3 国内金属矿山深部智能开采现状及其发展趋势

3.1 国内矿山深部智能采矿现状

2000年以前，我国只有两座地下金属矿的开采深度达到或接近1000 m，即安徽铜陵冬瓜山铜矿和辽宁红透山铜矿。目前，我国开采深度达到或超过1000 m的金属矿山已达16座（表3-1）。其中，河南灵宝崟鑫金矿的开采深度达到1600 m，云南会泽铅锌矿、六苴铜矿和吉林夹皮沟金矿的开采深度达到1500 m。这16座矿山几乎全部为有色金属矿山和金矿，只有一座为铁矿（鞍钢弓长岭铁矿）。但是，目前在建或计划建设的大型地下金属矿山，绝大多数都是铁矿。例如，辽宁本溪大台沟铁矿，矿石储量为 5.3×10^9 t，矿体埋藏深度为 $1057 \sim 1461$ m，设计开采规模为 3×10^7 t/a，目前一条竖井已挖至700 m深；同处本溪地区的思山岭铁矿，矿石储量为 2.5×10^9 t，矿体埋深为 $404 \sim 1934$ m，矿山的最终生产规模为 3×10^7 t/a，目前，主体基建工程已完成大半，几条竖井的开挖深度已超过1000 m；首钢马成铁矿（位于河北滦南），矿石储量为 1.2×10^9 t，矿体埋深为 $180 \sim 1200$ m，设计开采规模为 2.2×10^7 t/a，最深一条竖井已经完工（1200 m）；五矿集团矿业公司陈台沟铁矿（位于辽宁鞍山），矿石储量为 1.2×10^9 t，矿体埋深为 $750 \sim 1800$ m，设计开采规模为 2×10^7 t/a，已经开始建设；山钢集团莱芜矿业公司济宁铁矿，矿石储量为 2×10^9 t，矿体埋深为 $1100 \sim 2000$ m，设计开采规模为 3×10^7 t/a，也已投入建设。此外，2016年在山东莱州三山岛西岭金矿探明了一个储量为550 t的超大型金矿床，为我国在胶东半岛深部找矿指明了方向。

表 3-1　深部开采矿山明细表

序号	矿山名称	所在地区	开采深度/m	主体采矿方法
1	崟鑫金矿	河南省灵宝市朱阳镇	1600	全面法浅孔留矿法
2	会泽铅锌矿	云南省曲靖市会泽县	1500	机械化盘区上向进路充填法
3	六苴铜矿	云南省大姚县六苴镇	1500	中厚矿体有底部结构中深孔崩落嗣后充填采矿法，薄矿体浅孔全面法
4	夹皮沟金矿	吉林省桦甸市	1500	浅孔留矿采矿法

续表 3-1

序号	矿山名称	所在地区	开采深度/m	主体采矿方法
5	秦岭金矿	河南省灵宝市故县镇	1400	留矿全面法
6	红透山铜矿	辽宁省抚顺市红透山镇	1300	浅孔留矿法，上向分层充填法
7	文峪金矿	河南省灵宝市豫灵镇	1300	留矿全面采矿法
8	潼关中金	陕西省潼关县桐峪镇	1200	杆柱房柱采矿法
9	玲珑金矿	山东省烟台招远市玲珑镇	1150	浅孔留矿法
10	冬瓜山铜矿	安徽省铜陵市狮子山区	1100	阶段空场嗣后充填法
11	湘西金矿	湖南省怀化市沅陵县	1100	削壁充填采矿法
12	阿舍勒铜矿	新疆维吾尔自治区阿勒泰地区	1100	大直径深孔空场嗣后充填采矿法
13	三山岛金矿	山东省莱州市	1050	充填采矿法
14	金川二矿区	甘肃金昌市	1000	上向水平分层胶结充填法
15	山东金洲矿业集团	山东威海乳山市	1000	无底柱浅孔留矿法
16	弓长岭铁矿	辽宁省辽阳市弓长岭区	1000	崩落法开采

随着我国矿山事业及勘探技术和装备突飞猛进的发展，按照目前的发展速度，在较短时间内，我国深井矿山的数量将会达到世界第一[1]，而且将会有几个开采规模达到世界最高水平的超大型地下金属矿山。我国在 3000～5000 m 深部找到一大批金属矿床是完全可能的。

近年来，随着全球矿产资源开采难度的不断加大，以及安全环保要求的进一步加强，各国都十分重视采矿业与科技的融合，矿山智能化建设发展迅速[2-4]。在国家政策支持和技术创新驱动下，我国的智能矿山建设已经初具规模，数字化、信息化和智能化技术的大量应用显著提升了矿山技术设备、生产控制、安全管理和经营管理的综合水平[5-9]，促进了矿业的科学发展。

目前，国内矿山企业已经基本实现了矿业软件的应用和主体设备自动化控制，部分矿山采用了互联网、物联网技术，实现了生产管理远程化、遥控化和无人化。一些先进企业正在利用人工智能、大数据和云计算技术，创新矿山智能操控、决策系统，争取实现生产作业、经营管理全流程智能管控。

我国矿山智能化建设主要以信息化、自动化为基础，利用物联网和云计算等数据传输技术，构建了矿山智能生产控制与管理体系。具体体现在地质、测量、采矿信息的数字化与可视化，生产运行智能化管控，安全生产智能化监测与预警和经营管理智能决策四个方面加大了智能化建设力度。

由于地下空间环境的复杂性和特殊性，地下矿山的智能化建设大多集中在提升运输自动运行、采掘遥控作业、辅助系统无人值守、生产计划和调度智能决策等方面：

（1）提升、运输自动化。主要对井筒提升和有轨运输系统进行自动化装配。运用自控技术、电子信息技术、网络技术等，对提升运行系统、装卸和运输系统进行智能化改造，实现提升、机车运输和装卸的自动化运行和集中远程控制与管理。具体体现为提升机房无人值守、机车自动运行、集中远程操控等。

地下矿无人驾驶电机车运输技术是当今地下矿有轨矿石运输的关键技术，自2011年以来，中国恩菲与冬瓜山铜矿开始合作，成为开展无人驾驶电机车运输设计研发并成功投运的首个案例，也是取得国家安监总局推荐示范的应用项目。该项目在冬瓜山一期成功投运完成后，2018年，二期深部1000 m继续采用一人远程控制多列双机牵引20 t电机车技术，实现了全矿无人驾驶电机车运输，保障运输能力为10000 t/d，330万吨/年。2018年，洛阳钼业依托科技创新，在位于河南省栾川县的矿山基地成功启用了全球首批新能源动力电池组矿用卡车，洛阳钼业成为全球矿山行业首家完成矿用卡车动力电池组改造的企业。

（2）采掘作业遥控化。通过引进自动化的凿岩设备、铲装设备和装药设备，并对网络的布局布点与覆盖范围进行提升，建立地面与井下的无盲点网络覆盖，满足人员与设备的精确定位、数据信号采集传输和实时监控的要求。在此基础上，凿岩设备和铲装设备根据接收到的数据指令进行孔定位、掘进、装卸等，实现采掘作业的远程操控。例如，洛阳钼业已实现采矿装备的远程遥控。

（3）辅助系统无人化。利用数控设备、电子信息和物联网技术，对充填、通风、供配电、排水、压气等辅助系统进行远程控制和管理，建立智能化的流量控制系统和在线监测系统，实现合理分配能源，实时控制风险，取消专职值守人员。

（4）生产计划、调度智能化。建立数据中心和集中控制中心，集成生产控制、调度、机电、安全监测、综合分析、应急救援等功能。根据生产的实时数据进行智能分析与决策，优化采场落矿、掘进、充填等工序的组织，实时自动实现装卸、运输、破碎、提升等的合理配置，对异常事件及时响应和处理，实现生产全流程的智能化控制和管理。

深部开采由于特定的恶劣环境，必然要走向智能化和无人化开采，即从单一的生产设计转向一体化的科学决策，从高强度的人在地下作业转向地面办公室的智能管控。随着计算机技术，特别是信息处理能力海量化和可视化技术、3S（RS，GPS，GIS）技术和虚拟现实技术的发展，"互联网+"和中国制造2025等国家行动计划的实施，传统的生产方式正不可避免地发生着变化，自GORE[10]在1998年发表演说《数字地球：展望21世纪我们这颗行星》以来，"数字×"——数字地球、数字中国、数字城市、数字地理、数字人体、数字工厂、数字矿山……风起云涌。数字矿山是变革传统采矿业的一剂良药，是矿山提高生产技术水平和安全管理水平，实现可持续发展和现代化的必由之路。

实现智能化采矿技术的革新在很大程度上依赖于采矿装备的创新。近年来，成套的无轨设备、遥控铲运机与凿岩台车等遥控设备极大地提高了采矿的效率和安全性，无人驾驶汽车在地下矿山的试运行，凿岩机器人和装载机器人的研制成功，保障了矿山安全、高效、绿色及可持续开采的实施。瑞典、加拿大和芬兰等国家和工业部合作开展"智能采矿"研究与应用已有20多年，给矿业发展带来了深远的影响。而国内却仍处于建设智能化、无人化矿山的初级阶段，虽然有些研究，但要实施现场对接、工业化转化还需较长的时间。在这一阶段，无人采矿的核心技术仍然是传统采矿工艺和生产组织管理的自动化和智能化。

贵州开阳磷矿率先在国内探索并初步实现了智能化采矿，在资源与开采环境可视化、生产过程与设备智能化、生产信息与决策管理科学化的基础上，实现了设计智能化、监测可视化、设备自动化、生产系统无人化和管控一体化（图3-1）。

图 3-1 开阳磷矿智能化无人采矿

智能采矿体系是一个复杂的系统工程，合理高效的开采工艺、智能化的凿岩设备、智能化的出矿设备、自动化的提升和运输设备、先进的生产管控模式是国内外智能采矿的成功案例。新一代高级智能化、无人化采矿技术必将涉及采矿工艺及生产过程自身的变革，采矿设计和井下设备性能与可靠性等问题都需要进一步探索，井下无人设备维护、事故处理等都需要进一步研究。信息及通信技术的进步，必将推动智能化、无人化采矿从现行的基于传统采矿工艺的自动化采矿和遥控采矿，向以先进传感器及检测监控系统、智能采矿设备、高速数字通信网络、新型采矿工艺等集成化为主要技术特征的高级智能化、无人化矿山发展。

3.2 国内金属矿智能技术与矿山案例

目前，国内矿山的智能技术主要集中在智能感知系统和智能控制系统。

3.2.1 深部矿山智能感知系统

3.2.1.1 智能机器人巡检监测

以中信重工开诚智能巡检机器人在同煤大唐塔山煤矿皮带机的应用为例，该矿的主井运输巷安装了两台轨道巡检机器人；主运输皮带由四台 1600 kW 电机作为驱动，皮带全长 3523 m，胶带宽度为 2 m，属于大型皮带运输机。通过两台巡检机器人实现了对主井机头至三联巷区段托辊、滚筒、电机等设备及沿巷管路缆线、环境条件等定时、定点、高质量、全天候的往复巡检。

现场在张紧及中驱两处关键位置增加了辅助视频监控系统，利用四路可见光摄像机对关键部位进行监测，还增加了四路红外热成像仪对滚筒轴承进行实时温度监测，确保设备的安全可靠运行，对整个皮带机运输系统的稳定运行起到关键的作用。

现场安装了两台巡检机器人，一台机器人安装在行人侧，对行人侧的托辊、沿线电缆及管路进行实时监测，发现问题及时报警并存储；另一台机器人安装在非行人侧，机器人对非行人侧的托辊、束管气体泄漏等进行实时监测。

3.2.1.2 基于激光技术不接触式监测

三维激光扫描技术能够扫描物体表面的三维点云数据，用于获取高精度、高分辨率的数字地形模型。该技术利用激光测距的原理，通过记录被测物体表面大量的密集点三维坐标、反射率和纹理等信息，可快速复建出被测目标的三维模型及线、面、体等各种数据。因此，可以利用采空区三维激光扫描点云数据，记录采空区在不同时段的点云形态，进行采空区形变区域识别，利用八叉树构造目标点云和参照点云的拓扑关系，对照分析叶子结点的云形变系数，提取形变系数较大的叶子结点作为形变区域，通过对形变区域点云进行整体去噪和三维重建，获取采空区形变区域的形态并估算形变区域的容积。对采空区的潜在危害性评价和确定采空区的处治对策具有关键性作用[11]。

3.2.1.3 矿山感知技术

矿山感知技术主要包括矿山数据获取技术、异构多源多模态数据融合与封装技术、多源异构传感器协同测量及优化布局技术、异构多源数据通信与发布技术、实时运行监测与优化控制技术等。

建设物联网规范，通过动态耦合的网络化协同管控机制，实现物联网和传感网的融合，对传统的各自独立的监测控制系统进行关联和集成。通过对矿山的人员（人员定位、无线通信）、设备（综合自动化）、环境（安全监控、矿压监控等）的全面感知，并通过高速网络实现全面覆盖，从而实现对矿山的全面感知。整个矿山物联网从传统的被动接受数据，转变为主动智能化协同监测和监控[12]。

3.2.1.4　虚拟矿山建模、仿真与验证技术

虚拟矿山建模、仿真与验证技术主要包括虚拟矿山多维模型构建技术，如"要素—行为—规则"多维多尺度建模与仿真技术、虚拟矿山多维模型评估与验证、虚拟矿山运行机理及演化规律、虚拟矿山多维模型关联关系与映射机制等。

3.2.2　深部矿山智能控制系统

3.2.2.1　无人驾驶技术

无人驾驶技术涵盖了自动控制、人工智能和视觉计算等多种技术。对它的研究最早起源于20世纪70年代的英国、美国等国家，中国在20世纪80年代开始涉及。相比之下，对无人驾驶矿用车的研究则落后很多，因为矿山操作现场的工况更加复杂多变，矿用车的块头更大，载荷也更为沉重，对技术和车辆的要求也更严苛。

近年来，无人驾驶汽车技术取得了很大的进步。矿上需要用到的自卸车，与普通汽车的相似度最高，除了装料与卸料，不需要对物料进行其他的操作，主要工作是沿固定路线行驶。因此，该类型矿车更容易应用无人驾驶技术。无人驾驶运输在安全和车辆损耗等方面具有优势。通过规划布局和消除行驶误差，可提高矿区的生产效率，避免事故的发生，且能减少驾驶员的人工成本，以及车辆本身的磨损与消耗。中国兵器工业集团旗下的内蒙古北方重工业集团北方股份公司（600262.SH）研制的国内首台无人驾驶电动轮矿车，已成功下线并进入调试阶段。这让中国成为了继美国、日本之后，第三个涉足矿用车无人驾驶技术的国家[13]。

无人驾驶技术主要利用车载传感器来感知车辆周围环境，感知道路、车辆位置和障碍物信息，控制车辆转向与速度，进而使车辆更安全、可靠地行驶在道路上。金川集团龙首矿、信息与自动化工程公司、首钢速力共同研发的龙首矿－1703 m水平电机车无人驾驶系统已试车成功。该系统的成功投运标志着矿山自动化、信息化、智能化的发展迈出了历史性的一步[14]。该系统具备电机车无人驾驶运行、远程自动放矿、双机头自动切换、定速巡航等功能，可有效降低操作人员、现场环境、设备自身等因素对系统运行稳定性的干扰。

3.2.2.2　智能管控技术

智能管控技术主要包括多类型、多时间尺度、多粒度数据规划与清洗技术，可解释、可操作、可溯源异构数据融合技术，数据结构化集群存储技术，虚实融合与数据协同技术，虚实双向映射技术，矿山大数据技术等。

2019 年以来，随着 5G 逐步进入各种行业和应用场景的实践，山东黄金莱西金矿与山东移动、华为开始探讨 5G 在矿业生产和管理等方面的工业化应用前景。经过半年多的实地考察与深度探讨，各方初步确定第一阶段在井下运输场景进行 5G 专网部署，并通过 vpn 隧道实现 5G 网络与内网打通，从而实现运矿电机车的无人驾驶和远程控制。2019 年 11 月 11 日，成功实现了 5G 基站的开通和无人驾驶电机车控制系统的网络对接（图 3-2）。

图 3-2　井下矿车上的 5G 终端设备

未来，山东黄金莱西金矿计划结合 5G、边缘计算、无人驾驶、云平台等新一代信息技术，逐步实现井下电机车、铲运机和凿岩台车的远程操控和自动驾驶以及无人化巡检安防、井下人员及装备的定位等场景。借力 5G 技术，山东黄金莱西金矿将全力打造集地下开采、选矿、金精矿销售等于一体的数字化、信息化、自动化智慧矿山，全面向高度自动化和远程控制、大幅减员增效、大幅提高安全生产级别的高质量发展模式挺进[15]。

江铜集团城门山铜矿智能采矿系统由采矿生产集控中心、数字采矿平台、矿用车联网管控平台、三维可视化平台和智能边坡监测系统、智能视频系统、4G/5G 通信系统、无人值守系统、无线巡检系统通组成。其中，采矿生产集控中心可实现各平台、各系统的集中管控[16]。

包钢已建立 5G 网络，将打造首个商用 5G 工控系统，正在逐步实现 5G 技术下的智慧矿山蓝图，并将其运用于运矿车辆无人驾驶、无人机测绘地理信息、矿山生产调度监控，以及 5G 技术支持的无线数据传输等各个领域。

3.2.3　国内金属矿智能矿山案例

3.2.3.1　超大型绿色智慧矿山——马城铁矿

马城铁矿建设规模为年采选铁矿石 2500 万吨，年产铁精粉 918.8 万吨，是目前国内规模最大的在建地下井采铁矿山，建成后将成为国内最大的充填法开采矿山。

马城铁矿具有如下特点。

（1）首创分区多阶段同时开采的上向充填开采工艺。马城铁矿为提高矿山开采效率，根据矿体赋存特点，从厚度、倾角和夹石情况分区域，分别选用了多样化的采矿方法。马城铁矿在设计工艺上首创分区多阶段同时开采的上向充填开采工艺，将矿体以-540 m 水平为界划分为上下两采区，同时进行开采。

在不增加施工工艺难度的同时，最大限度地提高采矿效率和资源回收率。

（2）采用世界装机容量最大的提升设备。马城铁矿属于超大规模超深井开采方式，在工艺设计之初就选用了业界最成熟的竖井-斜坡道联合开拓方案，其中主井的提升高度为 1139.5 m，选择了世界上最大的提升设备，单井（单套提升系统）可完成 770 万吨/a（矿石 700 万吨/a、岩石 70 万吨/a）的矿岩混合提升任务，建成后将成为国内单井提升能力最大的冶金矿山。

（3）设计了国内深度最大、长度最长、断面最大的主斜坡道。马城铁矿主斜坡道总斜长 10050 m，净断面 24.75 m²，大型无轨设备不需拆卸可直接通过斜坡道进入井下，建成后将成为国内深度最大、长度最长、断面最大的主斜坡道。

（4）国内最大的连续料浆制备和管道自流输送充填工艺。地下矿石的开采势必会导致地表的塌陷，为了确保地表的稳固和尾砂回收，马城铁矿采用了连续充填工艺。选用大直径深锥浓密机充填料制备系统，利用 3 台 $\phi 25$ m 深锥浓密机作为尾砂浓缩及存储设施，单套系统的制备能力可达 210 m³/h，实现了 24 小时不间断、连续、大流量的充填料浆制备及管道自流输送。实现了尾矿不落地、零排放，尾砂直接进入充填系统。建成后将成为国内最大的连续充填系统和无尾矿山。

（5）国内最大的电机车与世界一流的无人驾驶技术。马城铁矿联合庞巴迪、夏尔克等国际领先的无人电机车运输控制与制造商，采用自动化驾驶有轨运输技术，使得马城运输系统同国际一流矿山接轨，实现了运输环节的无人化。按照设计方案，井下矿石运输采用 46 t 电机车牵引 12 辆 18 m³ 底卸矿车，每列车的有效装载量为 462 t，单列车长度约 73.5 m，电机车、矿车都是国内运载量最大的地下运输设备。

（6）国内首创多因素智能通风系统。马城铁矿采用分区通风，划分为 9 个通风分区，每个分区构建独立的通风单元，方便管理；采用分季节通风，夏季总风量为 2200 m³/s，冬季需风量为 1830 m³/s，采用变频风机，达到按需通风，降低了能耗以及成本，创造了安全舒适的矿山工作环境。

（7）完备的水资源和废石综合利用技术。利用矿山地下涌水作为冷、热源，应用热泵技术解决夏季制冷及冬季采暖等问题，全年可节约标准煤 13223.7 t。

马城铁矿地下水热能回收符合我国绿色矿山的建设要求，节能减排效果明显。建设井下砂石制备系统，将井下废石加工成井巷支护所需的砂石料，实现了大规模废石在国内地下矿山的首次利用。本着减量化、资源化、再利用的原则，选矿产生的尾砂，通过分级处理技术，生产建筑用砂，其余全部用于矿山充填，做到无废生产，资源综合利用。

（8）国内超大规模深井开采智慧矿山示范基地。依托"互联网+智慧应用"物联网技术、大数据分析和人工智能，把资源、设备和人有机地结合在一起，推动各环节的数据共享，实现产品全生命周期和全流程的数字化，实现资源开采可视化、设备管控智能化和可控化、信息传输网络化、生产管理与决策科学智慧化，努力成为追求和践行智慧矿山的领跑者。

3.2.3.2 山东黄金集团智能智慧矿山建设

山东黄金集团正在大力实施"机械化换人、自动化减人"工程，整体推进机械化，实现"少人则安"；整体推进自动化改造，实现"无人更安"。公司现有7家矿山企业采用凿岩台车、锚杆台车，所有矿山企业均使用无轨铲运机装矿。69套提升系统实现无人值守控制，48套排水系统实现自动化排水，45套高压供电系统实现远程操作，辅助生产系统自动化实现率在75%以上[17]。

山东黄金集团在智能智慧矿山建设方面开展了一系列研究与实践，包括研发智能采矿工艺、安全管理智能化、固定设施的智能改造、矿山智慧运营与决策平台建设等，具体如下：

（1）依托国家"十三五"重点研发计划"地下金属矿规模化无人采矿关键技术研发与示范"项目，开展了高效率无人采矿工艺、采矿多装备多系统协同作业、作业区域安全控制、采矿生产过程实时调度等内容的研究，重点解决了采矿工艺系统、矿石自动铲装与无人运输等关键瓶颈问题，完成了智能推理模型的搭建。

（2）建立了安全协同平台、无线通信系统、地压监测系统、井下人员与设备定位系统；应用"双重预防体系"管理信息系统，建立了基于VR技术的矿山虚拟现实仿真与培训平台，提升了矿山企业对井下生产过程的安全管控能力。

（3）进行了通风、排水、提升、配电、压风、充填等系统自动化智能化改造及破碎机远程遥控改造，实现了现场的少人、无人值守，对设备状态与运行参数进行实时、精确的掌握，对所采集的设备相关信息加以分析，实现了对重点设备的智能化管理。

（4）2019年，山东黄金集团引进了三维矿业软件Vulcan，用以实现地质建模、三维采掘工程设计、计划排产，目前正在进行软件的应用和推广，并取得了初步成效；进行了工业网改造，建立了万兆工业环网，为智能操作、智能控制提供了信息传输基础；正在进行大数据平台建设，基于各环节形成的生产与经营数据，采用系统分析与评价、数据挖掘与优化模型等方法，完成了矿山的经济分析与决策支持，实现了生产经营效果的科学分析，辅助生产决策。

3.2.3.3 智慧矿山——梅山铁矿

梅山铁矿是我国重点黑色金属地下矿山企业之一，是梅钢公司（宝钢股份子公司）铁精矿原料生产基地，其矿体集中、形态规整、储量大、品位较高、易开采，曾是我国自行设计、自己建设的国内最大的一座地下铁矿[18]。梅山铁矿整体采矿技术达到国际先进水平。

梅山铁矿采用竖井-斜坡道联合开拓、无底柱分段崩落法采矿，主要采掘设备有 Boomer 系列全液压掘进台车、Simba 系列全液压凿岩台车、TORO 系列铲运机，均为进口配套设备，装备水平在国内地下冶金矿山处于领先地位。

采区配备出矿信息采集系统、人员定位系统、通风检测监控系统、无线通信系统等，并在前期建设中，解决了矿体三维建模与矿体数字化，同时基于地理信息系统平台 Map GIS 开发了地测图数一体化管理系统，对矿山地质、测量业务数据进行多源采集、多途径加工，根据不同需求在不同平台上进行可视化输出，取得了很好的应用效果。

矿山生产过程数据管控平台是梅山整个数字矿山的核心，覆盖了采矿、选矿生产、检验、计量、检修、能源消耗及产品销售等多方面生产信息，为各级管理工作提供实时的生产数据，为管理层提供及时的生产状况信息，并通过对各种信息的分析，支持企业管理优化与决策。具体体现在如下方面。

A 井下回采出矿轨迹跟踪管理系统

井下回采出矿轨迹跟踪管理系统在井下采区通过 RFID（电子标签，射频识别）技术和 Wi-Fi 技术，以及车载工业智能数采终端自动采集轨迹信号，软件模拟判别，无线实时（或离线）自动上传，实现了对每条回采进路的每一崩矿步距、全过程出矿计量（车数）和轨迹动态的跟踪，实时模拟仿真显示，并为采矿迎头配矿、防止过采、数据二次利用等提供了真实可靠的有效数据支持。

B 智能设备点检系统

梅山选矿工艺流程复杂，其中重点工艺环节又分解为若干控制子系统，所有设备点检主要靠人工感观及经验判断，点检过程对人的经验及感观依赖程度高，而且点检故障描述无标准，故障信息传递过程中会失真。

梅山铁矿设计了基于物联网的金属矿复杂环境下的点检系统架构，结合现场点检经验，研究设备点检共性技术，建立了设备点检知识库，并与安全监测、计划管理、生产过程控制等有机结合，提高了设备系统的稳定性以及矿山生产效率。

C 矿仓料位监测系统

矿山开采中长期以来溜井物位高度和存矿量多少都没有一个量化的数据来验

证，只是靠经验来判断（铲运机出矿趟数、丢石块、吊重锤计绳的方法），方法原始，效率低下。

利用物联网短距离通信、激光测距技术，矿业公司在矿车到达溜井时可准确测量料位，生产位置、出矿品位、路径等信息在物联网监测平台上智能协同，保障生产、矿仓管理、安全等系统协调统一。

D　地下主斜坡道智能交通信号指挥系统

采矿场主斜坡道是材料、设备、人员等运输到井下作业面的辅助通道，通过RFID技术，实时采集当前车辆经过主斜坡道的信息，并将信息反馈到物联网实时监控平台，在地面入口、错车平台出入口、丁字路口三个方向、十字路口四个方向都设置红绿黄三色信号灯、读卡器及路侧单元。

通过地下实时交通信息采集，实时监控斜坡道上的交通运输情况，监测与指挥、解决地下交通安全隐患，提高交通运输效率。

E　基于 RFID 的双车道无人发矿系统

引入物联网 RFID 技术，研究设计矿山无人发货系统，实现在销售、发货、计量等业务管理、记录、监测等环节的自动处理应用，系统通过集成红外信号的被遮挡信息，判定两个车道中车辆的进出状态，再通过 RFID 对相应车道中车辆的卡号进行获取。

确定当前车辆的进出状态及车号，通过中控系统提交给显示系统与发货人员，同时将车辆进出状态及卡号信号提交给销售系统，进行委托拆分、合法判断等业务处理。在提高发货效率、规范管理、减少人员等方面具有一定的优越性。

使用 LiDAR360 软件的体积量测工具直接进行矿堆体积量测，交互式选择测量参考平面，计算相对于参考平面的填方量、挖方量和填挖方量，从而计算得出矿堆的体积信息。

3.2.3.4　首套全自动无人驾驶系统——马钢张庄矿

位于安徽霍邱县境内的张庄铁矿，其矿床预估铁矿石储量为 1.99 亿吨，经基建穿脉和采切工程探矿验证，又新增矿石储量 1.06 亿吨；由于主矿体走向集中，矿体较坚硬、完整，又易采易选，因此属于最具竞争力的矿体。安徽马钢张庄矿业已建成采选综合能力为 500 万吨/年的大型地下矿山，其工程被列为安徽省"861"行动计划项目。

2016 年 8 月 28 日，东方测控与马钢（集团）控股有限公司携手，在东方测控集团总部，举行了"井下有轨运输无人驾驶系统"签约仪式，开启了中国井下智能采矿新模式。

张庄矿业智能采矿从井下无人驾驶系统入手，利用计算机技术、网络技术、无线通信技术、过程控制技术、激光及传感器技术、电气及自动化监测技术等的综合应用，实现井下了矿山生产作业的监控监测、自动控制、安全管理。在提高生产效率的同时，有效减少了井下作业人员及物资投入，实现了最大限度的安全运输，努力打造"以人为本"的矿山。

2018 年 8 月，国内首套全自动、无人干预的井下矿电机车无人驾驶系统在马钢张庄铁矿成功应用，标志着我国采矿向智能化、无人化迈出了坚实的第一步[19]。

无人驾驶系统采用机车无人运行控制系统、机车优化调度及信集闭系统、自动装矿系统等技术，突破了井下恶劣生产环境、轨道打滑、放矿含有大块和原有生产工艺对系统运行稳定性、可靠性造成影响等难题，实现了井下电机车无人驾驶运行、自动放矿、轨道障碍物识别、防碰撞预警等无人驾驶系统的核心功能，并为张庄矿减少了井下作业人员 30 余人，改善了一线工人的劳动环境，增加了设备的运行时间，提升了矿山管理水平，实现了本质安全。

3.2.3.5 采选联合智能矿山——锡铁山矿

西部矿业股份有限公司锡铁山铅锌矿[20]位于青海省西北部，地处大柴旦镇南部 75 km，其地理坐标为北纬 37°20′，东经 95°34′。是我国储量最大的铅锌矿，为多金属矿床。铅、锌矿品位高，并伴生金、银、铜、锡等。生产规模为 150 万吨/年。

2017 年，锡铁山铅锌矿实施了提升系统的改造，将采矿方法调整为上向水平分层充填法和嗣后充填法，并开始试运行。经过近两年多的紧锣密鼓的建设，目前已全部实现矿山开采机械化、主要环节控制自动化、整体智慧化、全部选矿工艺自动化、智慧化，有效改善了员工的作业环境，提高了劳动生产效率。截至目前，锡铁山分公司选矿处理量超过设计能力 19.76%，日处理原矿达 4800 t，主产品铅精矿、锌精矿、硫精矿的金属回收率高于设计目标，处于国内外领先水平。

锡铁山分公司作为国内最大的独立铅锌采选联合生产企业，其智能矿山建设从采矿、选矿、管矿三方面进行了完整的架构设计，分集团应用和矿山应用两个层面，全方位地规划了整个矿山 29 个子系统，并将其串起来形成一个完整的智慧矿山。在智能采矿方面，实现了无人驾驶、远程装矿、采矿数据集成、智能通风等，机车驾驶员减员 80%，矿工和井下值守岗位减员 100%，降低了劳动强度，提升了作业效率，保障了本质安全；在智能选矿方面，实现了磨浮无人化、磨矿专家系统、泵站无人值守等，综合减员 30%，提升台时处理量 4.62%；在智能管控方面，通过 MES、集中计量、无人计量、能源管理、物资管理等，实现了计量、能源相关岗位减员 80%，矿山数据统计工作智能化，在线类数据全部自动采集，提升企业生产经营执行效率 50% 以上。根据综合总体效率分析，锡铁山智能矿山投运一年就可收回建设成本。

3.2.3.6　白云鄂博铁矿

距离包头 150 km 的白云鄂博铁矿，矿区的面积为 48 km², 储量有 15.6 亿吨，是世界上最大的稀土矿，与铁矿伴生。经过 60 年的生产，提供了 4 亿吨的矿石。

基于目前的信息和自动化技术的发展进程，包钢集团在白云矿山上组织建设了智慧矿山系统。这个系统主要包括以下三部分[21]内容：

第一部分是无人车辆的驾驶。露天矿山主要是矿车和采矿设备，包钢在尝试矿车的无人驾驶和采矿设备的无人操作。采用远程操控技术，让驾驶员能工作在舒适的环境。

第二部分是无人机技术的应用。通过无人机把地理测绘的数据传回来，帮助包钢对矿山进行管理，解决每天要采什么地方、采多少、放多少炮的问题。包钢还建立了数字模型，通过数字模型来优化采矿过程中的管理。用无人机通过高清摄像，对边坡的情况进行检查，防止出现滑坡事故。

第三个部分是基于前两个系统的生产调度系统。这是智能矿山的核心，需要 5G 技术的支撑。

整体来看，包钢智慧矿山包括无人驾驶、无人机应用、矿山调度、5G 通信技术的应用以及北斗/GPS 定位导航系统的应用。还有一个正在推动的重要部分，就是在无人驾驶情况下，智慧矿山安全系统或是安全标准的制定。

未来包钢要建立三个平台：一是数据云平台，现在包钢已建设私有平台，下一步可能接入华为的云平台；二是业务管控平台；三是决策分析平台。

据悉，包钢将在生产层建立无人工厂，完善生产经营的管控系统，还规划建设智能决策系统。无人工厂包括初步的 1~3 级的控制，到生产经营是 4 级控制，决策系统是 5 级系统。包钢规划结合 5G 技术，未来建立这样的 5 级无人工厂系统。

3.2.3.7　三道庄矿

洛阳三道庄钼矿位于河南省栾川县境内，矿山设计年生产能力为 990 万吨，是一座大型矿山，隶属于洛阳钼业。

洛阳钼业经过与河南跃薪智能机械有限公司合作，根据三道庄矿区的矿山地质条件、资源赋存形态及生产作业环境，进行了一系列的采矿优化，按照生产设备操作遥控化→遥控操作远程化→无人操作智能化的步骤，逐步建立了一套高效、实用、安全的露天矿穿孔、铲装和运输生产设备智能化系统。该系统按照"最大限度利用矿山现有设备，最大限度兼容原有人工操控系统"的技术创新思路，实现设备无人和有人值守之间的信号采集、输送、控制及自动切换，其最终目标是研发集智能开采基础数据自动采集、智能工业大数据通信、智能开采无人调度与控制、智能采矿生产执行系统、智能开采智慧生产决策和智能化采矿作业设备于一体的矿山无人开采智慧管控平台。

无人操控双向行驶纯电动运输机及智能调度系统，可实现露天矿区钻、铲、装、运的全程无人操作，使矿区生产的安全性、开采效率、资源利用率得到大幅提升，极大地降低了矿区的生产成本。自 2017 年三道庄钼矿建设国内首个无人矿山以来，洛阳钼业不仅综合效能大幅提升，而且生产零事故。

此外，洛阳钼业成功启用了全球首批新能源动力电池组矿用卡车，成为全球矿山行业首家完成矿用卡车动力电池组改造的企业。

其研发的 SY 系列纯电动矿用卡车利用下山能量回馈与上山消耗的能量相互补偿，在车辆制动或滑行时，将动能转化为电能，储存到电池中，既可以延长整车使用时间及续航里程，又可以减少机械磨损及能量消耗。与同等功率柴油运输车辆相比，该型号车辆吨千米能耗仅为柴油运输车辆的 1/6，维修保养费用仅为柴油运输车辆的 1/2。经过国家矿山机械质量监督检测中心的检验检测，该型号车辆具有环保节能、低成本、投资少、易于推广的显著优势，在"零排放"的基础上，加速、爬坡、续航里程等关键技术指标均处于行业前列，较燃油卡车可节约能源费用 75% 以上，给露天采矿运输设备带来了革命性风暴。该型号车辆具备智能遥控起步、转弯、换档、停车和自动卸矿的功能，和人工操作完全一样，并且采用纯电动及能量回收系统，实现了智能化装备与新能源改造的完美结合，该车已成为集纯电动驱动、远控智能遥控和无人驾驶为一体的绿色环保智能采矿装备。业内专家称此举打破了国外矿山设备公司的技术垄断，开启了中国建设智慧矿山的新征程。同时，车辆可根据录入路径自动到指定位置装卸车，并完善了自动识别轻载重载、自动避障等功能，安全性、可靠性得到进一步提高，车辆调度系统已经具备车辆分组整体调度的功能。

矿山"智能遥控露天采矿生产线"的研制，实现了从穿孔、铲装到卡车运输的完整远距离遥控操作，为危险区域的采矿剥岩作业提供了系统解决方案，打破了国外矿山设备公司的技术垄断。自 2015 年投入使用以来，公司回收大量高品位残矿的采矿成本大幅度降低，效益得到了显著提高。

为大幅度提高作业效率，2019 年 3 月，洛阳钼业首次将 5G 技术应用在三道庄矿区。目前，部分无人采矿设备已经调试成功并投入使用，使无人采矿作业更加精准、稳定[22]。

3.2.3.8 挑水河磷矿

三宁矿业公司坐落在湖北宜昌樟村坪镇，已探明的矿石储量为 2 亿吨，其中高品位矿石约 6000 万吨，有 1.4 亿吨是中低品位矿石。三宁矿业的挑水河磷矿是目前我国建成的绿色智慧矿山的标杆——一家集机械化、自动化、信息化、数字化为一体的高新技术矿山企业[23]。

公司应用采选充一体化智能管控集成工艺技术，使整体生产经营组织协调得到优化，现场风险管控能力得到提升；为降低开采对环境的影响，井下投资 5000 多万元建设自动破碎放矿溜井 2 个以及全长 4100 m 的皮带廊，选用无极绳猴车运送人员，地面装矿采用自动计量装车技术，最大限度地保证了井下的空气质量；选矿厂选用国内最先进的选矿工艺和设备，实现了重介质选矿生产工艺与控制的高度集成，实行闭路循环，实现了无废排放；研究开发出尾矿胶结充填生态采矿技术，用充填法采矿代替了传统的房柱法采矿，实行采条带矿、充空条带，用尾矿充填体置换矿体，实现了矿石不落地、废石不出井、尾矿返回空区充填，有效地解决了矿山选矿粗尾矿难利用、矿山环境保护治理费用多等难题，有效地控制了地表的变形破坏，保护了地表河流、建筑物和公路，避免矿山开采后形成次生地质灾害，实现了生产经营全过程的生态绿色。该矿具有如下突出特点。

A 采矿装备机械化

挑水河磷矿井下的大部分采掘工程都实现了机械化作业，凿岩、破碎大块、装运、支护采矿全流程都是现代化装备。该公司实行采矿装备现代化，结束了人工凿岩采矿方式的历史。其主要采矿作业面已没有风钻工、支护工、撬毛工，取而代之的是全液压的凿岩台车打眼，以及锚杆台车跟进支护、作业面撬毛机撬掉松动的毛石。从钻孔、装药爆破、通风到装岩的各个工序的工作任务都由机器完成，从开始打井到打井结束，不用人员下溜井，全部任务依靠机械完成，有效地避免了人身安全事故的发生。

B 充填工艺创新化

应用条带充填采矿法进行采矿，磷矿资源利用率达到 86% 以上，比采用房柱法采矿净增了 20 个百分点；重介质选矿尾矿渣、废弃固体物利用率达到 99%；磷矿石品级提升到 28% 以上的富矿等级；制造技术绿色化率由 65% 提升到 92% 以上；制造过程绿色化率由 67% 提升至 97%；绿色制造资源环境影响度由 97% 下降至 75%。同时，该技术有效地解决了重介质选矿粗尾矿存放的重大难题，无须投入巨额资金买地建造尾砂库、筑尾砂坝。另外，粗骨料高浓度胶结充填料浆输送新技术、超埋深中厚磷矿层开采等新技术的应用，促使矿山环境保护等棘手问题也迎刃而解。

C 选矿分级精准化

资料显示，湖北省宜昌地区的磷矿是胶质磷矿，属难选矿；宜昌有数十亿吨磷矿资源，总量很大，而高品位磷矿只占 10% 左右，也就是说中低品位的磷矿占 80% 以上。如果选矿技术过关，则宜昌的磷矿资源的开采时间可延长 100 年；如果选矿技术不过关，只采富矿，把中低品位的磷矿石丢掉，则宜昌的磷矿资源的开采时间就相应缩减 100 年。此外，磷矿是战略资源，与国家粮食安全息息相关，对磷矿的开发必须是全层开采、贫富兼采，不允许采富弃贫，损失浪费磷矿资源。

三宁矿业研发的"微密度差下难选磷矿的精准分级技术",为解决长期困扰湖北省中低品位磷矿资源难以开发利用的问题,开辟了新路子,找到了新途径。磷矿精准分级技术这个全新的低成本、无害化、废弃磷资源再利用的绿色生产的新工艺,从源头上实现了对磷化工废弃物的处理和综合利用。数据显示,公司研发的磷矿重介质旋流器大型化选矿技术、高效低品位磷矿精准分级技术、废弃磷矿资源综合利用技术,使资源综合利用率由57%左右提高到89%以上。经初步估算,通过这项技术突破,仅湖北省可以多利用的资源量就会超过18亿吨。

D 井下系统自动化

三宁矿业井下辅助生产系统实现了自动化,"智能化换人"已经不再是神话。

a 新建井下一流机电系统

该公司投入巨额资金,购进了国内外高水平节能、环保的先进装备50多台,如目前世界上最先进的充填泵是德国生产的装备,各项技术参数和优质的性能都无可挑剔,基本上找不到什么毛病。装备配置的电机全都是能效1级的电机,井下照明采用的是LED照明灯,人在灯亮,人走灯熄,实现了用电就有电,不用电就自动停电;电源自动开关高度灵敏,实现了该公司按需供电的设想。仅此两项,该公司每年就可减少电费支出100多万元,直接降低了生产成本。

b 新建井下矿石破碎装车系统

新建井下矿石破碎装车系统担负着三个任务:一是将大矿块破碎成小矿块,为下游用户提供便利;二是为放矿漏斗的放矿机创造条件,防止放矿漏斗口堵塞;三是为防止运矿车辆超载做出限制,实行自动计量装车。该公司为此专门研发的"矿石破碎定量装车系统",获得了实用新型专利,在实际应用中运转正常,效率提高,减少了一批破碎大矿块、放矿装车的井下劳动力,也使这几个危险性岗位实现了无人值守的目标。

c 新建井下PLC胶带运输系统

5000多米长的矿石运输胶带自动运行,把井下全层开采出来的高品位矿石和贫矿石分别运到地面的富矿仓和破碎站,富矿直接销售,贫矿进入选矿厂选成磷精矿再外运,同时利用胶带把选矿产生的废石运送到充填站。从井下到地面,运输皮带纵横交错,十分壮观,虽交叉运行,但每条胶带的任务不同,它们按照分工各司其职,有条不紊地安全运转。在这么庞大的胶带运转系统中,只能看到有忙碌的胶带在运转,而看不到一个人来协助,矿石运输系统实行无盲区全程监视,当发现运输进程存在局部偏差时,控制系统能够自动修复、纠正,保障皮带正常运转,一旦遇到无法自动修复和纠正的问题,整个采选运输系统就会自动停车,同时自动向维修单位传送需要维修的信息,让维修人员快速进入维修点将故障修复。

d 新建了智能管控的通风系统

对空压机和井下送风机实行智能化改进，充分利用空压机的余热烧制生活热水，供矿山员工生活使用。井下采矿区和巷道安装智能风门，有人作业，风门自动打开，开始供风；无人作业，风门自动关闭。送风量大小由智能系统计算确定，需要多，就自动多送风；需要少，就少供风，减少了不必要的风耗，达到了按需供风的设想，既节约了能耗，又降低了成本。而这样一个大的系统，却不需要人员值守，全部由智能管控完成。

e 实现井下无线通信

针对井下信号盲区问题，该公司启动了"矿用便携式无线通信基站"的研发，创新便携式无线通信基站，内置一个与固定通信基站进行通信连接的 Wi-Fi 模块来连接上面的交换机，交换机上设置有若干通用的工业以太网接口，以供生产终端接入。便携式无线通信基站可在矿山范围内自由移动，使无线信号覆盖信号盲区。也就是说，只要带上便携式无线通信基站，那么巷道开到哪，采掘进到哪，通信就能跟到哪，消灭了井下信号盲区。此外，三宁矿业还与中国电信合作，敷设了全矿的通信网络，实现了 4G 全覆盖，在矿山井下照样可以拿出手机打电话，发微信。矿山通信环境的巨大变化，为矿山安全创造了良好的通信条件。

E 矿山安全靠"五化"

三宁矿业公司用机械化、数字化、信息化、网络化、智能化"五化联动"的手段，通过高新技术减人、换人。矿山用人少，人员伤亡事故就必然减少，这是促进矿山本质安全和环保的全新举措，为实现矿山安全生产开辟出一条崭新的途径。

搭建并成功运行了数字矿山 VR 智能综合管控平台，实现了破碎、胶带运输、放矿、转载、通风、供电、选矿厂、充填站等生产过程与危险性岗位的远程操控，井下抽水、地面定量装车等实现了自动化运行，矿井采掘、通风、运输、排水、供电及安全六大系统运行稳定；井下建成两个千兆环网，主要巷道、重点区域场所安装 Wi-Fi 及语音广播，有线无线通信无缝对接，有利于井下突发事故的掌控和救援，对促进矿山安全生产具有重要作用。资料显示，该公司用 5 年时间，累计投资 7.5 亿元，基本完成了东部矿区、地面选厂、井下充填站的建设，形成采矿 100 万吨/年、选矿 70 万吨/年、充填 20 万吨/年的能力。

3.2.3.9 杏山铁矿

杏山铁矿隶属于首钢矿业公司，位于迁安木厂口镇。杏山铁矿于 1966 年开始建矿，原为首钢大石河铁矿的一个露天采区，露天开采的最大生产规模为 150 万吨/年。

2007 年，杏山铁矿由露天开采转入地下开采，成为首钢矿业第一座地下开采矿山，建设规模为 320 万吨/年。

2015 年底，杏山铁矿补勘后新增资源储量 1.1 亿吨，为此，首钢矿业公司决定进行杏山铁矿地下开采扩建工程建设，扩建后开采规模将达到 350 万吨/年，成为我国仅次于梅山铁矿（开采规模为 400 万吨/年）的大型地下矿山。

目前，杏山铁矿已建成为国内一流的地下矿山，矿山自动化水平和数字化水平处于国内前列。

坚持"机械化换人"，积极采用国内、外先进设备设施。

杏山铁矿现有各类设备设施 610 台套。35 台单体设备中，进口设备有 27 台，占 77.1%。其特点如下：

主井采用箕斗提升，选用 JKM-4×6E 型提升机，采用德国西门子公司自动控制系统；

矿石破碎选用瑞典山特维克生产的 CJ815 颚式破碎机；

开拓掘进使用 6 台瑞典阿特拉斯公司生产的 281 掘进台车；

出矿使用 5 台美国卡特公司生产的 R1300G 井下柴油铲运机；

穿孔设备使用 5 台瑞典阿特拉斯公司生产的 1354 中深孔凿岩台车，回采出矿使用 4 台瑞典山特维克公司生产的 1400E 电动铲运机；

喷浆支护采用芬兰挪曼尔特公司生产的 1050WPC 混凝土喷射台车（1 台）和水泥罐车（3 台），锚网支护使用 1 台瑞典阿特拉斯公司生产的 235 锚杆台车。

另外，为彻底消除井下二次爆破破坏巷道顶板稳固性，及威胁周边人员安全等安全风险，2014 年 2 月份，该公司投资 310 万元，引进 1 台加拿大 BTI 公司生产的 BX30 型移动式液压碎石台车，用于处理采区大块，彻底结束了采场人工二次爆破处理大块的历史，实现了大块处理的本质安全。

坚持"自动化减人"，不断完善矿山机械化、自动化技术装备。

杏山铁矿通过应用自动化控制、远程遥控技术，自主研究、开发建成采矿生产过程自动化控制系统，把地采生产组织转为地面集中管控，实现了管控一体化，最大限度地减少了井下操作人员的数量。

投资 282.81 万元，与计控室联合开发、自行设计、自主实施了电机车远程遥控驾驶系统，将机械、电气、通信、自动化控制、计算机等技术有机结合，形成主控室操作、远程遥控放矿、放矿视频监视、电机车远程操控、远程操控自我保护五个硬件管理系统，以及机车、运行、装矿、卸矿四个软件管理单元，实现了网络化、数字化、可视化的生产运行模式。

电机车运行由井下驾驶变为地表远程操控，不仅改善了岗位工作环境，降低了安全风险，而且将电机车驾驶、溜井放矿两个岗位合二为一，优化了劳动组织，井下操作人员减少了 16 人。

投资 123.31 万元，将地表总长 2300 m 的 18 条干选皮带，从原设计的现场操作改造为主控室集中控制，实现了远程启、停皮带。实施远程操控后，取消了现场看护性岗位，减少了 24 名从业人员，使职工彻底脱离噪声、粉尘职业危害的作业环境。

投资 358.57 万，对井下通风、排水、供电系统进行改造、完善，实现通风系统 4 个机站的 9 台风机、井下 -330 m 水仓 10 台 450 m^3 高压水泵以及井下变配电硐室配电柜分闸、合闸由地面生产指挥中心集中监控、远程开停。

系统的投入，降低了井下作业的风险，取消了井下 3 个风机站、2 个水泵站的 10 个看管性岗位。

杏山铁矿通过自主研发和集成创新，矿山生产的自动化和遥控智能化作业的水平有了长足的进步[24]。

3.2.3.10 攀钢智慧矿山建设

截至 2019 年 7 月，攀钢矿业公司已建成 GPS 矿车调度系统、采掘计划编制系统、尾矿库在线安全监测系统等 20 余项，初步实现了重点产线和重点作业的自动化和信息化。在攀枝花铁矿和白马铁矿采场，GPS 矿车调度系统可根据采场作业情况，智能安排行程路线和作业点，矿山物流智能化雏形初现；在选矿厂破碎集控室内，通过计算机对无人值守自动化系统进行操作，实现了设备远程集中启停、实时监控生产运行情况、在线查找故障等功能，不仅提高了生产效率，保障了设备的稳定运行，降低了职工的劳动强度，改善了作业环境，还优化作业人员 48 人；白马、密地尾矿库（坝）的感知与预警系统，实现了对尾矿库库区的降雨量、液位、水质、压力、坝内应力等参数的实时自动化监测和尾矿库（坝）危害（危险）预警预报。此外，地测地理信息管理系统、采掘计划编制系统实现了矿山地质情况信息化，对下一步实施数字化采矿，解决矿山作业点位多、位置分散、作业环境差等问题，起到了强力支撑作用。设备点检管理系统及财务管理系统、成本控制管理系统、人力资源管理系统等信息管理系统，极大地提升了企业的信息化管理水平。

此外，矿业公司生产管控系统和选钛厂 MES 系统于 2019 年 9 月、10 月上线投运，与生产管控系统配套的生产调度指挥中心、生产过程信息收集和实时监控中心、突发事件应急指挥中心正在加紧建设。届时，"坐镇"矿业公司"大本营"，即可直观了解各生产车间主体设备的生产情况，实现指挥、调度、管控三位一体。选钛厂 MES 系统集远程监控、智能计算等功能于一体，可实现优化作业流程、增强生产管控能力、减少岗位作业人员数量的目标。

攀钢全力推进"智慧矿山"建设，项目全部实施后，所有系统将在由网络平台提供的高速可靠的物联通道上，实现现场层、生产层、控制层、应用层和决策层的透明管理，并通过采选一体化智能产线集成打造，实现生产与管理深度融合，建设成国内先进和谐、绿色、数字化矿山[25]。

3.2.3.11 三山岛金矿智能矿山建设

山东黄金集团有限公司三山岛金矿是中国 100 家最大有色金属矿采选业企业

之一，也是目前国内唯一一家海底采矿的黄金矿山，是目前全国机械化程度和整体装备水平较高的现代化金矿，尤其是其数字化开采建设已初具规模，在数字化开采领域居于国内领先地位[26]。

三山岛金矿智能矿山建设分三个阶段：

第一阶段：2016年底，完成各生产自动化系统的升级改造工作，完成机械化换人、自动化减人目标。

第二阶段：2017年底，在国内率先建立智能化采矿采场，初步建立智能矿山体系。

第三阶段：至"十三五"结束，进一步深化各自动化及智能化系统的功能，拓展24/7自动化运营模式，全面提升矿山生产效率和安全生产水平，建成智能矿山建设深化与工程示范。其智能绿色矿山建设体系框架如图3-3所示。

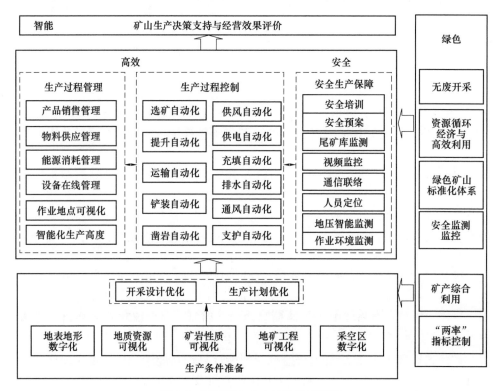

图 3-3 智能绿色矿山建设体系框架

经过多年的发展，三山岛在智能采矿技术、装备、井下通信、定位导航等领域取得了显著成果：

（1）通过多技术支撑的矿山物联网平台建设，全面升级和扩展了企业网、工业环网、井下无线网络（Wi-Fi）、井下3G或4G网络建设，实现了矿山信息高速公路的全面升级，为智能矿山建设提供了基础支撑平台。Wi-Fi 网络采用 802.11n 设备，提升了整体性能。

（2）引进地下智能铲运机，通过车身姿态传感器、环境自主识别传感器以及自主行驶控制算法，实现了智能铲运机在各种巷道环境下的自主驾驶。依据智能导航与避障技术，防止铲运机对人员、设备、墙壁等的碰撞，保障人员和设备的安全。井上布设了铲运机远程遥控系统，在地面就能够远程操控铲运机。

井下电机车无人驾驶系统由生产运输管理平台、数据支撑系统、生产状态监测系统及前端无人化作业系统四部分组成，可实现机车无人驾驶、矿石品位配比、最优运力调度、矿石自动卸载、机车安全预警及生产数据精细化管理等功能。最显著的效果就是提升采装与运输效率，优化生产运输调度，合理利用资源，降低生产成本，保障生产作业安全，是企业建设智能化矿山、科技化矿山及未来无人化矿山的重要支撑系统。无人电机车系统也具有障碍物智能监测和矿车装载量自动识别等功能。

破碎机远程遥控系统以提升井下采矿作业自动化、无人化水平为目标，通过地表远程遥控，控制固定破碎机完成大块矿石的破碎及矿石堆的推散，保障生产作业安全，是建设智能化矿山、科技化矿山及未来无人化矿山的重要支撑系统。

基于射频识别及数据挖掘技术，开发了车辆精细化管理系统，攻克了运量统计和违规作业识别难题，显著提升了运输过程管理水平，为降低损失贫化率提供了有力支撑。

（3）三山岛金矿利用三维矿业软件完成了地质、测量、采矿等方面的工作，完善了三维矿业软件的应用体系。后续将落实三维矿业软件的深度应用，全面开展基于三维矿业软件作业模式的生产流程体系，实现探、地、测、采多环节的一体化、协同化，打造一套完整的资源、规划与生产过程数据库，在生产计划组织和资源平衡等方面切实帮助矿山解决一些问题。

（4）引入了三维激光扫描仪，实现了非接触式激光精准扫描与数字建模三维可视化矿山开采。扫描仪是矿冶集团基于国家"863"计划自主研发的一套系统，主要应用于地下矿山巷道、采空区以及溜井工程的三维形态快速扫描和建模。

利用三维激光扫描仪系统，对三山岛金矿的溜井进行了扫描，获取了溜井形态等矿山信息，分析了溜井垮塌深度及体积，为溜井的及时治理提供了指导，保证了后续溜井使用的安全性。此外，扫描仪还可以用来完成数字矿山基础数据的获取，基于建立的模型可以开展采空区体积计算、二步采设计、巷道掘进验收，以及岩体变形监测等工作。

（5）通过对井下大型固定设备进行无人值守系统改造，实现了高危作业场所作业人员减少 20% 以上，大幅提高了矿山的安全生产水平。

（6）采用微震区域监测、应力应变点式监测的多维度、一体化的矿山安全监测系统，与岩石力学工程相结合，为地压控制及矿体回采设计提供了参考依据，全面支撑了深部采矿过程，如采场结构参数的选择、回采顺序的确定、采准巷道的支护方式及支护参数与施工时机等。该系统包括前端的数据采集系统，包括微震传感器、数据采集站、服务器；后端的数据分析展示系统，包括监测数据分析及云服务平台，同时还有基于分析结果的灾害三维管控平台。

（7）综合利用工业物联网、智能控制、建模仿真以及大数据分析等技术手段，建设了数据采集平台与数据中心、智能操作选厂、虚拟选矿厂及云服务平台，提高了选矿生产和管理的自动化、智能化和信息化水平，从而提高技术和经济指标，实现减员增效，最终建设成为国内领先、国际一流的智能选矿厂。

（8）建设了基于三维可视化系统的透明矿山系统，实现了矿山各管理系统的高度集成化、一致化、协同化。在一个平台上集成了矿体模型、品位模型和所有巷道工程及生产设施，在平台上可动态展示采掘计划，直观了解井下无轨装备的运行位置、车辆状态，实时了解所有风机、水泵等运行的状态等。实现了矿山生产的立体化、透明化管控。

（9）基于增强现实技术（AR）/虚拟现实技术（VR）构建了矿山安全仿真与培训一体化系统，集成矿山安全避险六大系统、地压监测系统、安全标准化系统等安全监测系统，可实时了解井下安全状态；基于平台可开展应急救援演练，实时评估灾害影响范围与程度，自动触发人员定位系统与广播系统，实施井下救援；同时可开展各类安全设施和安全管理规程的虚拟培训，借助虚拟头盔等交互式设备，实现身临其境式的安全教育与培训，通过这些搭建起一套安全培训与应急救援系统。

3.2.3.12 罗河矿智慧矿山建设

罗河铁矿位于安徽省庐江县城南 35 km 处的罗河镇东风村，根据地质勘探鉴定，该矿属一类大型铁矿、硫铁矿与硬石膏共生的矿床，矿床有 8 个矿体，属井下开采。罗河铁矿已探明的铁矿石储量达 5 亿吨。该矿属于磁铁矿，并有铜、矾等多种伴生矿。

经过权威论证和评估，罗河铁矿一期工程矿山采、选规模可确定为年产原矿石 300 万吨，一期工程服务年限为 34 年，技术经济指标为铁精矿 98.3 万吨/年。

罗河矿在智慧矿山建设上取得的成绩，首先体现在生产效率的提升和自动化、无人化技术的进步[27]。原罗河选矿厂一段磨矿台时能力长期维持在 165 t 左右，磨机利用系数较低，磨矿成本居高不下。经过和第三方合作，开发了磨矿分级数字化产线技术，利用自动化控制系统反应的快速性、对磨机运行状态判断的准确性，提升了球磨处理能力，增加控制主机、冲击波检测等工序，实现了一段磨矿分级系统的智能控制，球磨台时能力达到 200 t，大幅提升了生产效率，产生了可观的经济效益。

该矿通过在生产区域安装控制操作台和服务器，将井下机车的运行状态、监测参数、机车位置、动态视频等信息传输到上位机，机车操作人员根据上位机画面的反馈执行远程操控，实现井下电机车的运行和装矿。目前第一阶段任务已经完成，正在全面实施第二阶段。全部完成后，可实现井下 -560 m 运输水平电机车无人驾驶与远程遥控装矿系统全覆盖。

采矿车间地表空压机站原先需要 12 个人，选矿车间新环水泵房需要 8 个人，通过自动化改造，减少了 12 个岗位，不仅每年节省人工成本百万元，同时大大提高了供气、供水系统的安全系数。自动化减人、机械化换人为罗河矿人力资源优化提供了新的思路和空间。

为了推动本质安全建设，罗河矿全力推进信息化建设，率先在井下成功应用 4G 通信系统，达到了井下与地面、井下与井下的语音视频通信、实时视频监控、第三方数据传输等功能，实现了井下 4G 信号全覆盖，极大地提高了矿山综合管理效率，提升了应急反应能力和处置能力。

3.3　存在问题与发展趋势

3.3.1　存在问题

随着国民经济的发展，我国对矿产资源的需求量日益增加，然而，我国金属矿山开采因"杂、散、贫"的矿石赋存条件，"乱、劣、危"的人员作业环境，"傻、慢、粗"的技术装备水平，普遍呈现"大而不强"的状况。经过多年的粗放型高强度开采，其浅部矿产资源，特别是易采高品位矿体已逐渐枯竭，深部开采成为当前及未来开采的主流。然而，深部开采广泛存在着开采难度大、作业强度高、工作环境差、安全风险多、实施成本高等难题，原有以人工作业为主的粗放型的采矿模式已远远无法适应新形势需求，如何保障深部开采过程安全可控，降低资源损失贫化率，提高矿山开采作业效率，落实采矿工艺流程优化，已成为矿山开采下一步的发展重点。

深部开采的难点主要聚焦在经济性和安全性两方面：一方面由于深部开采对通风、地压、支护、提升、降温、装备等环节的要求更高，也更复杂，导致总体利润下降，必须采用更大规模、更智能、更高效和更精细的采矿技术与装备，才能确保企业具有足够的市场竞争力；另一方面，在深部矿体开采过程中，常因高地压和开采扰动，导致岩移、冒顶、片帮甚至岩爆等地压灾害，直接威胁开采作业中的人员设备安全。

早在 20 世纪 80 年代初，瑞典、加拿大、芬兰等西方国家就已开始了遥控自动化开采作业的研究和现场应用，在深部矿体精细化与智能化开采方面已进行了多年实践，积累了丰富的经验，如南非 West Driefoven 金矿的开采深度已达

4000 m，在深井开采的采矿工艺、采空区探测、爆破控制、无轨车辆调度、地压监测控制、井下降温等方面形成了较为成熟完善的技术体系。

我国在这方面的研究起步较晚，"十一五"期间开展了"数字化采矿关键技术与软件开发"研究，"十二五"期间开展了"数字矿山建设关键技术研究与示范"和"地下金属矿智能开采技术"研究；"十三五"期间，我国立项支持的项目主要有两个，一个是作为国家重点研发计划的"地下金属矿规模化无人采矿关键技术研发与示范"，另一个是工信部智能制造综合标准化项目"面向黄金生产行业的数字化车间通用模型标准与试验验证"。

21世纪以来，随着信息、通信、数字化和自动化技术的快速发展，机械装备已经与这些技术深度融合，深刻地影响和改变着传统采矿工艺和开采模式。基于信息化、自动化、智能化发展起来的遥控智能化无人采矿技术是应对高地压和恶劣环境条件最行之有效的方法，为深部安全高效开采创造了条件。在建设"无人矿山"方面，自动化、智能化采矿设备的研发和传统采矿工艺的变革是无人采矿技术的核心。发展无人采矿技术，需要在很多方面进行研究探索，例如深井高温高地应力环境下无人采矿设备的可靠性、维护、故障处理，新一代采矿工艺流程，采矿设计方案等。目前，我国多数矿山的采矿技术基础和经济实力都有很大差距，特别是先进采矿装备依赖国外进口，这是制约我国矿山采矿科技进步的关键因素。为此，我国需要加大科技投入，科研设计单位需要加大大型自动化采矿装备的研发力度，尽早实现关键设备的国产化，为推进我国采矿行业自动化、智能化创造条件。

我国智能矿山建设还存在以下误区[28]：

一是引进自动化生产线等同于实现智能化。一些矿山企业在进行智能化改造的过程中，由于对智能化建设的认识不足，以及考虑成本投入因素，认为只要引入自动化生产线、生产设备或工艺系统，就是实现了矿山智能化建设。

自动化生产线的引入只是矿山智能化改造最具代表性的一步，而不是全部。智能矿山体系自下而上包括设备层、控制层、生产执行层、经营管理层和决策支持层等，还有统一架构的矿山数据库、规范的数据接口、标准化的作业流程，以及智能系统的支撑。任何环节的缺失或不足都会导致无法发挥先进生产线的优势。

二是智能化过程似乎可以一步到位。部分矿山企业负责人单纯地认为，只要采用先进的技术或设备，实现企业生产运营、监管、救援等关键环节的机械化和信息化，实现"固定岗位无人值守，井下作业人员减少，生产率和设备利用率提升，安全事故数量降低"的目标就是实现了智能化。事实上，智能化过程是一个复杂的过程，欲速则不达，需要不断努力，逐步实现目标。

三是只要效仿好像就能追赶或缩小与优势企业的差距。我国大部分矿山企业依然采取模仿龙头企业的做法，照搬其技术或经营模式，看到龙头企业采用自动化、信息化生产线，也学着引入相应的技术或设备。由于每个矿山的条件不一样，所以应从自身实际需求出发，积极开展关键技术研究，建立具有自主知识产权的智能矿山体系。

四是盲目依靠高投入来代替智能化规划。买一堆先进装备，虽然花了很多钱，但是如果没有一支高素质的职工队伍，那么智能化也是行不通的。矿山智能化过程需要人力、物力、财力等多方面的投入和统筹配置，一些企业管理人员在没有对智能化进行充分认知的前提下盲目进行高投入，希望能在较短的时间内实现智能化改造，导致没有完全发挥先进工艺和设备的优势。因此，没有经过合理充分的科学规划和正确的智能化体系运作，高投入不一定能达到高收益的效果，不但会造成资源浪费，还会阻碍企业的智能化发展道路。

3.3.2 发展趋势

智能开采技术是提高井下深部矿体开采过程管控的精细化程度的必由之路。智能开采技术应着重进行如下工作：

（1）基于三维采矿设计平台实现采矿优化。在传统的采矿过程中，爆破空间的形态、炮孔的深度和倾向等均无法获取，致使开采处于"开环"状态，极易因采场的超爆欠爆而降低矿石品位，或因炮孔偏离设计而导致大块率过高。为此，基于三维采矿设计平台，完成矿体形态、井巷结构、地质数据的三维可视化，再通过三维激光扫描仪、钻孔测斜仪等设备将开采过程中的采场边界、炮孔位置等反馈到三维采矿设计中，以实现采矿优化。

（2）采用低功耗信息采集与井下高带宽通信打造数字高速公路。信息的采集与数据通信是采矿智能化的前提和基础。为此，需要打造低耗、流畅、可靠、高效的信息采集与井下高带宽通信系统，使深部开采过程中的重要大流量数据可按时地"上传下达"。

（3）落实井下无轨作业车辆智能化调度，逐步攻关无人驾驶。对于井下凿岩、装药、铲装、运输等关键工艺流程中的无轨作业车辆而言，需重点攻克井下高精度定位导航、无轨装备智能化调度、井下装备的智能称重等工作；同时，通过无人化作业相关研发实现"减员增效"。

（4）大力发扬井下有轨电机车无人驾驶与智能调度技术。针对井下有轨电机车，开展信号灯管控、道岔自动控制、防碰撞等关键技术攻关，并建设有轨电机车无人驾驶系统和自动矿石装卸系统，然后结合溜井料位、矿仓料位及采选生产进度，优化控制电机车作业。

（5）整合和提升矿山智能化采矿作业的技术水平和管理水平。针对溜破、运输、提升、充填、通风、排水等采矿生产作业工序，一方面通过将这些系统整合到同一个软件体系中，实现统一调配；另一方面，开展无人化作业技术研究，在此基础上，通过智能控制算法、模型优化技术，大幅提高系统的可靠性、可用性、可维护性和智能化水平。

（6）继续完善矿山智能化安全监测与预警系统。针对采矿作业中的尾矿库安全在线监测、顶板监测、地表沉陷监测、微震监测、视频监控、通风监测、有毒有害气体监测等安全监测内容，采用一体化的安全监测系统平台，实现多源异构数据接入。同时，对监测数据进行整合、分析，并结合工艺建设预警预报系统，对矿山运行状态进行全面掌控，保障精细化与智能化采矿作业的顺利实施。

（7）建设智能开采基础系统平台，包括定位导航平台、信息采集及通信平台、信息采集及调度平台。

1）定位导航平台。定位与智能导航平台由精确定位系统和智能导航系统两部分组成。精确定位系统能够给出地下矿用车辆定位参考点的位置及车体姿态信息，为矿用车辆完成智能导航任务提供支撑条件；智能导航系统由路径规划和路径跟踪两个关键模块构成，路径规划模块负责根据调度指令给出矿用车辆的导航路径；路径跟踪模块负责控制矿用车辆沿着规划路径自动行驶到目标位置。

2）信息采集及通信平台。信息采集及通信平台的主要功能是创建地下金属矿智能开采数据采集、传输、组织协议，使智能开采技术框架内的地下智能装备、调度与控制系统、信息采集系统、数据通信系统等均满足统一的约定，从而实现智能开采技术的可扩充性、可重用性和规范性。使井下功能独立，地理位置分散的传感器、无轨装备、生产设备、局部控制系统等能够构成一个有机整体，互为补充，实现功能高度复用，消除信息孤岛，是地下金属矿智能开采技术相关研究的基础。

3）信息采集及调度平台。智能调度与控制系统作为地下金属矿智能开采系统智能化的软件平台和管理中心，对系统性能的优劣和成败起着十分重要的作用。围绕地下金属矿生产调度与过程控制的实际需求，通过对地下金属矿开采过程中多源数据的组织与管理、资源与开采环境的三维可视化、生产过程动态仿真及智能调度与控制等关键技术的研究，可实现基于数据仓库的可视化智能调度与控制。实现矿山数据组织与管理、资源与开采环境建模与更新、开采计划自动编制、生产过程智能调度等功能，具备资源与开采环境三维模型动态更新系统、矿山资源管理系统、生产计划智能编制系统、可视化仿真与调度系统、生产管理系统、应急救援指挥系统等功能，并在此基础上构建出智能化开采综合智能调度平台。

参 考 文 献

［1］王琼杰．如何实现深部开采技术的"弯道超车"［N］．中国矿业报，2017-01-17．

［2］方鹏，黄德镛．数字矿山技术的应用现状及展望［J］．矿冶，2013，22（1）：76-80.

［3］刘亭，王光宁．数字矿山的发展现状与建设目标［J］．甘肃冶金，2013，35（6）：130-132.

［4］周文略，连民杰．地下矿山智能生产控制与管理建设体系研究［J］．金属矿山，2015（2）：117-121.

［5］解海东，李松林，王春雷，等．基于物联网的智能矿山体系研究［J］．工矿自动化，2011，37（3）：63-66.

［6］吴立新，古德生．数字矿山技术［M］．长沙：中南大学出版社，2009：49-50，83-84.

［7］连民杰，王占楼，马龙，等．基于物联网的富全铁矿智能生产管控系统开发与应用［J］．中国矿业，2019，28（1）：122-128.

［8］连民杰，袁代国，王占楼，等．冶金矿山 RHO 安全生产管理体系建立与应用［J］．矿业研究与开发，2018，38（8）：139-142.

［9］赵威，李威，黄树巍，等．三山岛金矿智能绿色矿山建设实践［J］．黄金科学技术，2018，26（2）：219-227.

［10］戈尔，张益平，吴浩然．数字化地球 展望21世纪我们这颗行星［J］．书城，1998（8）：36.

［11］刘冠洲，张元生，张达．基于三维激光点云数据的采空区形变区域识别算法［C］//中国计量协会冶金分会2018年会论文集．2018：1-6.

［12］连民杰．创新矿山管理模式促进矿山可持续发展［J］．采矿技术，2010，10（3）：129-131.

［13］IntelMining智能矿业．国内首台无人驾驶电动轮矿车成功进入调试阶段［EB/OL］．（2019-2-12）．https：//mp. weixin. qq. com/s/PZJNqRnq74DMrx0gIWaKjw.

［14］金川集团龙首矿1703水平电机车无人驾驶系统试车成功［J］．有色冶金节能，2019，35（5）：65.

［15］矿冶园科技资源共享平台．山东省实现国内首个地下矿山5G工业化应用［EB/OL］．（2019-11-14）．https：//mp. weixin. qq. com/s/sb71enyzSxeYo31367raBA.

［16］IntelMining智能矿业．世界VR产业大会‖江铜集团城门山铜矿5G+VR矿业应用场景亮相［EB/OL］．（2019-10-25）．https：//mp. weixin. qq. com/s/88IeOwsmoDUlqkdMmmSTFA.

［17］矿山安全天地．王元民：推动数智化转型，赋能高质量发展——山东黄金智能矿山建设实践．［EB/OL］．（2023-04-29）．https：//mp. weixin. qq. com/s/Q3-J3owK1abduZPHyTvPPA.

［18］矿业汇．经验：国内最大的地下铁矿如何构建自己的智能矿山．［EB/OL］．（2017-11-03）．https：//mp. weixin. qq. com/s/ohDk7w8j_ CBur0VdaKzwyg.

［19］IntelMining智能矿业．矿山无人驾驶技术取得突破——首套全自动系统在马钢张庄矿成功应用［EB/OL］．（2018-08-12）．https：//mp. weixin. qq. com/s/HxdxAFSws23OkSs0E-lojQ.

［20］刘艾瑛．智能矿山的中国道路［EB/OL］．（2019-10-17）．https：//mp. weixin. qq. com/s/zaR2vaCoDuhjuL4R9wHpjw.

［21］黄海峰．包钢股份董事长李德刚详解智慧矿山：5G带来巨大变革［EB/OL］．（2019-07-09）．https：//mp. weixin. qq. com/s/g4Bm0CX4NyAWwyja8W-oiQ.

［22］洛钼集团．洛钼集团|你知道华为5G挖矿，你知道他的项目在洛钼吗？［EB/OL］.

（2019-07-11）．https：//mp. weixin. qq. com/s/v2Q7rHwhvbw9qlMFG8LgAA.

［23］中林地勘．三宁矿业：智慧矿山，开启矿业开发新时代［EB/OL］．（2018-12-10）．https：//mp. weixin. qq. com/s/vYXQmv1ToR18daoMQOQYZg.

［24］阳光创译语言翻译．首钢杏山铁矿：建设遥控智能化矿山的典型，用77%的进口设备，称霸国内矿山？［EB/OL］．（2017-07-17）．https：//mp. weixin. qq. com/s/Z8ftCTLySu4bvCQj-tqZ7w.

［25］尹久红．攀钢"智慧矿山"建设步伐矫健［EB/OL］．（2019-07-10）．https：//mp. weixin. qq. com/s/aR4i7fIXBwmmm_Gu_RI62w.

［26］赵可广．山东黄金集团三山岛金矿智能矿山建设实践［Z/OL］．（2017-11 -17）．https：//wenku. baidu. com/view/c5c61279302b3169a45177232f60ddccda38e667. html.

［27］徐宝金．罗河矿创新引领打造智慧矿山［EB/OL］．（2020-1-9）．https：//mp. weixin. qq. com/s/c3TRW6pyYUX-1GZH-kSooQ.

［28］刘艾瑛．矿业变脸，智能矿山的未来已来［EB/OL］．（2019-04-16）．https：//mp. weixin. qq. com/s/wK3L62aFG-7uO-ct4_ INEw.

4 深部复杂多场环境对深部开采的挑战

据统计，我国地下金属矿山大约占金属矿山总数的 90%。随着浅部资源的逐渐枯竭，现有大部分矿山将转入地下开采，开采深度将会越来越深。深部能源与矿产资源的安全、高效开发是关系到我国国民经济持续发展和国家能源战略安全的重大问题。

深部矿床开采涉及深部的概念、关键科学理论与技术、发展趋势与远景等一系列问题。对于深部开采的深度界限，迄今为止国内外尚没有统一的标准，各国对深部矿井的界定深度各不相同：日本为 600 m，德国为 900 m，俄罗斯为 1000 m，南非为 1500 m，美国为 1524 m。根据我国当前矿山开采现状和未来的发展趋势，同时结合矿山开采的客观实际，多数专家认为中国深部开采的起始深度可界定为煤矿 800~1000 m，金属矿 1000 m[1-2]。

随着开采深度的增加，在高应力、高井温、高渗压的"三高"耦合作用下，巷道变形加剧、破坏严重等问题越来越突出，矿山开采安全变得更加复杂。因此，迫切需要对深部复杂环境对开采的影响进行研究。

4.1 深部应力场对深部开采的影响

地应力是存在于地层中的未受工程扰动的天然应力，也称原岩应力。它是引起各种地下工程变形和破坏的根本作用力，是确定工程岩体力学属性，进行围岩稳定分析，实现地下工程设计和决策科学化的必要前提。

随着开采深度的增加，深部岩体所赋存的地质条件逐渐复杂，其地应力场的分布特征与浅部岩体存在着显著的差异性。因此，弄清深部岩体原岩应力的赋存环境是至关重要的[3]。

地应力值，无论是水平构造应力还是垂直自重应力，均随深度的增加呈线性增长关系。因此，高应力条件将是深部采矿面临的第一个重要问题，高应力对围岩的影响表现在以下几方面。

4.1.1 高应力对围岩力学特性的影响

深部岩体的受力及其作用过程与浅部工程岩体有很大不同，在诸多影响因素中，高应力场对岩体力学性质的变化有重大作用。在深部工程中，仅重力引起的垂直原岩应力在 1000 m 深度处可达 23~25 MPa，1200 m 深度处约为 30 MPa，预计 1600 m 深度处达 40 MPa，原岩应力的变化导致岩石力学性质及力学响应发生变化。

4.1.2 高应力对围岩流变特性的影响

高应力作用下，岩石的另外一个特性——流变性也会发生相应的改变，流变变形又以蠕变为主，Hardy（哈迪）等指出，如果在单向压缩试件的微裂阶段作用一个保持恒定的载荷，那么试件将从施加恒载开始持续产生变形，而且还存在着持续的微震活动[4]。针对非线性流变，国内外学者相继提出了老化理论、流动理论、硬化理论以及继效理论等。

围压的大小会影响围岩体的变形和破坏机制。深部岩体处于高地应力条件下，巷道岩体呈现出不同于浅部的特性。对于高强度较坚硬岩石，围压的变化对岩石的弹性模量的影响不是很明显；对于较软弱的岩石，随着围压的增大，岩石的弹性模量、抗压强度增大，而且岩石的破坏也由脆性破坏向延性破坏或延性流变转变，岩石破坏后其残余强度的下降梯度减小，而残余强度值则相对提高。

高应力环境下的开采还将导致激烈的地质活动，甚至诱发岩爆、冒顶、底鼓、突水等危及安全生产的灾害事故。安徽冬瓜山铜矿、山东三山岛金矿、大冶丰山铜矿、广西高峰锡矿等矿山的深部开采过程中均存在地压过大的问题，出现了冒顶、片帮、底鼓等现象。红透山铜矿自 20 世纪 70 年代中期开始有轻微的岩爆现象出现，最早有明确记载的岩爆发生在 1976 年 9 月 +13 m 中段，四十余年来，随着采矿深度的增加，岩爆、顶板冒落、片帮时有发生。1999 年，红透山铜矿发生了两次较大规模的岩爆，岩爆的破坏力相当于 500~600 kg 的炸药爆炸，对红透山铜矿的安全生产造成了很大的威胁。三山岛金矿在 −555 m 中段开拓过程中也出现了岩爆现象。为了保证深部开采的安全作业，矿山企业联合高校与科研院所在深部地应力测量、岩爆诱发机制、岩爆预测和监控等方面做了大量研究，一些研究成果在深部开采的矿山中得到了应用。

从本质上来讲，岩爆、矿震等动力灾害都是采矿开挖形成的扰动能量在岩体中聚集、演化和在一定诱因下突然释放的过程，这一过程是在地应力的主导下完成的，对岩爆准确的理论预测离不开对现场地应力的精确测量，因此现场地应力的精确测量与反演建模技术显得非常重要。

地应力测量方法可分为直接法和间接法两大类。直接法是指岩体应力由测量仪器所记录的补偿应力、平衡应力或其他应力量直接决定，无须知道岩石的物理力学性质和应力应变关系。如早期的扁千斤顶法、刚性圆柱应力计法及后来的水压致裂法、声发射法均属于直接法，其中水压致裂法目前应用较广。在间接法中，测试仪器不是直接记录应力或应力变化值，而是通过测量某些与应力有关的间接物理量的变化，然后根据已知的公式，由测得的间接物理量的变化，计算出现场应力值。应力解除法、松弛应变测量法、地球物理方法等均属于间接法，其中应力解除法是目前国内外应用最广泛的方法。对于矿山来说，使用应力解除法更具有得天独厚的条件。因为在采矿工程的前期或采矿过程中，必然有一系列的巷道、硐室进入围岩或矿体中，为实施地应力解除作业提供了理想且方便的场所，所以在矿山使用应力解除法来测量地应力是最经济合理的方法[5]。

国际岩石力学学会推荐的主要地应力测量方法[6]有定性估计法、套孔解除法、水压致裂法、定量估计法四种方法。套孔解除法中以澳大利亚 CSIRO 型空心包体应变计测量方法应用最为普遍，应变计由环氧树脂胶胶结在试验钻孔的内壁上，待胶固化后再套钻钻取含有应变计的小钻孔，钻取过程中不断采集解除应变[7-8]。

近年来，空心包体应变计的结构、选材、制作工艺、温度补偿、围压试验和计算方法等多个方面都在不断改进。王衍森和吴振业[9]推导出空心包体应变计在一定的布片方式下应变测值间的内在关系式，并由此提出了应变测值的直接检验法及应变计的最佳布片方式。董诚、王连婕等[10]对空心包体三轴地应力测量系统进行了升级改造，研制了一套小型化、自动化的新型地应力测量系统。中国地质科学院地质力学研究所白金朋、彭华等[11]研发出一种无线数字 CSIRO 空心包体，但在深部地层原始应力的测量过程中，并没有考虑岩体非线性对其计算结果造成的影响。刘少伟等[12]设计了一种使用 DS18B20 作为敏感元件的测温电路系统，经实验室试验校核并在煤矿现场进行了应用。闫振雄等[13]采用线性参数的最小二乘拟合方法对地应力分量计算公式进行了推导，得出了地应力分量的改进算法及其标准误差的计算公式。李远等[14-15]提出了一种基于双温度补偿方法消除测量过程中温度对采集精度的影响，并且研发了一款数字化断电续采型无导线空心包体应变计。使应变仪在测量的精确性、便捷性、稳定性、长期性方面的性能有极大的提高，实现了空心包体应变计的数字化，从而实现了对深部岩体应力进行实时、准确、长期监测。

同时，地应力的大小还受温度和水的影响，具体如下：

（1）地温对地应力的影响。传统观点认为，地温梯度对岩石不可能产生显著的影响，岩石温度应力场可以忽略不计。这一观点只适用于某些岩石，不能一概而论，蔡美峰院士[16]研究发现，相同的地温梯度在不同岩体中引起的温度应力相差很大，如花岗斑岩中的温度应力是砂岩中的 5 倍。

温度对地应力的影响可概括为以下几点：

1）岩体内由地温梯度引起的温度应力为压应力，且随深度 H 的增加而增加。

2）在同一埋深的不同岩体中，相同的地温梯度引起的温度应力与该岩体的线膨胀系数和弹性模量的乘积成正比。

3）相同的地温梯度在不同的岩石中引起的温度应力相差很大。地温梯度在某些岩石中产生的力学效应非常可观，甚至接近由重力应力场引起的地应力值，若此时忽略不计，则可能会给矿山开采带来安全隐患，甚至出现围岩失稳的严重安全事故。

（2）水对地应力的影响。工程开挖会对岩体以及地下水的整个赋存状态造成影响。开挖除了会导致岩体应力的释放（卸载）外，还会导致岩体中裂隙水的流失，引起地下水分布状态及岩体力学参数的变化，从而引起渗流场和应力场的变化，进而影响地应力测量的结果[17]。

总体而言，只有通过多点地应力现场实测，获得深部三维地应力状态的空间分布规律，研究确定包括构造运动、自重应力、岩层构造、温度变化等影响地应力分布的主要因素以及地应力场与岩体结构的关系等。在此基础上，基于数字全景钻孔探测系统和大地磁法连续剖面成像系统等对区域地质构造环境的精细探测成果，结合最新的大规模并行计算技术，综合采用人工智能、数理统计、数值模拟、位移反演、边界荷载反演等方法，考虑深部岩体的非线性条件，探索构建矿区三维地应力场的反演算法，并依据现场多点地应力的实测数据，反演重构建立矿区三维地应力场模型，才能摸清地应力对深部采矿的影响。

4.2 深部温度场对深部采矿的影响

在深部开采条件下，随着采矿机械化程度的提高，生产更加集中，开采强度逐渐加大，地温升高恶化了井下作业环境，矿井热害问题也越来越突出。2000 m深度的钻孔观测结果显示，地温的梯度大体为 1.7~3 ℃/100 m。当深部矿体开采的工作环境温度达到 30~60 ℃时，将面临热害问题，工作环境恶劣，人的生理难以承受，还可能导致矿石自燃、炸药自爆等问题。

据不完全统计，国际上井采深度超过 1000 m 的金属矿山已达 80 多座。深井矿山普遍存在各种高温热害问题，国外一些金属矿山的开采温度甚至达到 50 ℃及以上[18 19]，如秘鲁的卡萨帕尔卡（Casapalca）铜铅锌银矿的原岩温度高达61.1 ℃；印度科拉金矿区阿勒左姆矿的矿井深度为 2500 m，原岩温度达到55 ℃，工作面气温为 48 ℃；南非西部矿井在 3300 m 深度处的气温达到 50 ℃；日本丰羽铅锌矿受热水影响，在采深 500 m 处，原岩温度高达 69 ℃，局部气温高达 80 ℃[20]。随着开采深度的不断增加，原岩温度不断升高，开采与掘进工作面的高温热害日益严重。国外主要深部矿井的原岩温度见表 4-1。

表 4-1　国外主要深部矿井原岩温度统计表

矿山名称（位置）	采深/m	原岩温度/℃
南非姆波尼格金矿	4350	65.56
南非卡里顿维尔金矿	3800	68.3
南非斯坦总统金矿	3000	63
南非普列登斯汀金矿	3892	36~58（局部最高63）
南非 West Driefovten 金矿	3700	50
南非瓦尔里费斯金矿	2200	45
南非帕拉博金矿	1200	45
南非伊万达金矿	1500	43
德国雷德尔钾矿	1100	49~50
德国孔腊德铁矿	1200	40
俄罗斯克里沃罗格铁矿	1050	33
印度乌列古木金矿	1800	38
印度阿勒左姆金矿	2500	55
日本别子山铜矿	2060	54
日本丰羽铅锌矿	500	69
澳大利亚芒特·艾萨铜铅锌矿	1200	50
美国圣曼纽尔铜矿	1250	49

　　开采深度超过 700 m 的矿井其原岩温度大都超过 35 ℃，有的接近 40 ℃，最高的达到 50 ℃，地温梯度接近或超过 3 ℃/100 m，最大的达到 5 ℃/100 m。地温梯度一般为 3 ℃/100 m 左右，有些区域如断层附近或热导率高的异常局部地区，地温梯度可能高达 20 ℃/100 m。岩体内温度每变化 1 ℃可产生 0.4~0.5 MPa 的地应力变化，因此深部岩体的高地温会对岩体的力学特性产生显著的影响，特别是在高应力和高地温条件下，深部岩体的流变和塑性失稳与在普通环境下存在巨大差别。

　　20 世纪 80 年代，中国科学院地质研究所的王钧等[21]测量了 680 个地质钻孔，研究了中国南部地区的温度分布。结果表明，在埋深分别为 1000 m、2000 m和 3000 m 情况下，地温分别达到了 30 ℃、40℃和 70 ℃，在东南沿海地区和云南西部地区，温度甚至高达 60 ℃、80 ℃和 120 ℃；地温升高梯度达到 1.5 ℃/100 m，东部局部地区达到 2.0~3.0 ℃/100 m，甚至高达 4.0 ℃/100 m，我国部分金属矿井热害基本情况的调查统计结果见表 4-2[2]。

表 4-2 我国部分金属矿井原岩温度测量结果

名称	地理位置	测点深度/m	原岩温度/℃
安徽罗河铁矿	安徽罗河	700	38~42
冬瓜山铜矿	安徽铜陵	1100	40
高峰锡矿	广西河池	690	39
板溪锑矿	湖南桃江	750	32
锡矿山锑矿	湖南冷水江	855	35.3
大红山铜矿	云南玉溪	660	32
红透山铜矿	辽宁抚顺	1257	38
二道沟金矿	辽宁北票	1300	30~32
夏甸金矿	山东招远	850	35.2
曹家洼金矿	山东招远	800	47.3
湘西金矿	湖南怀化	1100	36
新城金矿	山东莱州	380	35
三山岛金矿	山东莱州	825	35.4
夹皮沟金矿	吉林桦甸	1600	38
旧店金矿	吉林磐石	560	42
思山岭铁矿	辽宁本溪	1455	30~35
泥河铁矿	安徽庐江	870	40.87

随着巷道围岩温度的不断升高，将导致岩石的力学特性和变形特性发生较大的变化，一般而言，随着温度的升高，岩石的延性加大，屈服点降低，强度也降低，使得热害问题在深部开采过程中越来越突出[22]。为了消除其影响，国内外学者通过试验、理论分析及数值模拟等方法对风流和围岩热湿交换过程进行了分析，得出巷道风流温度的变化规律及其影响因素[23-29]。

归纳起来，影响深部岩体温度场的因素涉及岩体地球物理特征、水热迁移特性以及岩体与流体的热交换过程等[30-32]：

(1) 岩体本身的构造不仅决定了其导热性质和渗流特性，同时裂隙、节理等构造面的存在直接影响了水热迁移的过程；

(2) 开采扰动进一步加剧了矿场岩体裂隙和节理的孕育、发展，使得水热迁移的过程复杂化；

(3) 由构造应力或残余构造应力场叠合累积形成的高应力，在深部岩体中形成了异常的地应力场；

(4) 由于高地应力、渗流场和开采扰动的作用，温度场分布异常。

针对深部巷道通风引起围岩温度变化的问题，相关的专家和学者们做了大量的理论、实验和现场测量等研究工作，取得了许多对工程实践具有指导意义的研究成果。事实上，在巷道开挖后，热传导和对流换热的共同作用使得温度场成为一个随时间变化的不稳定场。因此，在研究深部巷道围岩温度分布规律时，只有把二者的作用同时考虑进去，才更符合工程实际，在此基础上讨论影响围岩温度分布的因素才更加准确。同时，由于围岩温度分布的理论解析式较为复杂，求出其解析解相对困难，因此需要开展对流换热和热传导作用下围岩温度分布规律的数值模拟研究，为深部巷道热灾害的防治和热应力的研究提供参考依据。

4.3 深部渗流场对深部采矿的影响

据统计[33]，60%的矿井事故和地下水作用有关。岩体中的水对岩体具有物理化学和力学等各种作用，前者表现为水的存在降低了岩体的强度参数和变形参数，地下水的软化作用使岩土的黏结力和摩擦力减小、变形参数改变、抗压强度降低等；后者表现在地下水压力使有效正应力减小、渗流力及静水压力增加等。对于孔隙介质如表现为连续介质块体和很破碎的岩体，渗流力作为一种体积力作用在岩体上；对于裂隙岩体块体是相对不透水的情况下，水作为一种面力作用在结构面上，使岩体更容易沿结构面发生破坏[34]。

自1956年有统计以来，我国矿井发生突水事故已达2000余起，其中淹井事故达200余起，这些事故在造成重大人员伤亡的同时，也给国家和人民带来了巨大的经济损失。通过对多次突水事故进行调查，发现突水事故的发生通常需要同时满足两个条件：一是存在高承压水体；二是存在导水通道。高承压水在导水通道的作用下，边界条件发生变化，使得原有的隔水层在通道处瞬时水力坡度发生急剧变化，从而导致高承压水涌入采掘工作面，最终造成突水事故的发生。在突水的形成过程中会受到多种因素的作用，如水压的破坏作用、隔水层的抑制突水作用、矿压的破坏作用等[35]。

针对不同水文地质条件下的矿山渗流场问题研究，为深部矿山的安全生产提供了参考。如黄天瑞[36]在北洺河铁矿深部开采中开展了放水试验，形成激发流场，查清了地层的含水性岩组划分、补径排特征等水文地质条件，利用放水试验数据，得到了相关的参数，预测了深部开采下的巷道涌水量及渗流场变化；冀东等[37]通过对滨海深部矿区断裂带进行现场调查，查明了节理裂隙的分布规律，修改了水文地质的渗透系数，对滨海矿区在深部开采运营期内的渗流场的演化进行了预测，对其影响范围进行了分析，重点分析了矿区中的断层断裂构造和含水层介质对渗流场的巨大影响；樊勇等[38]运用FEFLOW软件对水文地质条件复杂的大水铜矿进行了模拟，分析了大井法与数值模拟估算涌水量的差异原因。

4.4 多场耦合研究现状

4.4.1 热力耦合研究现状

温度的变化将引起变形，而变形将影响热量的散发与积累，从而引起温度的变化，因此变形和温度是相互耦合的。对于热力耦合问题，耦合方程一直是目前数学上的一个难题。对于工程实际问题来说，当体应变为零或者体应变的变化速率非常缓慢时，变形对温度的影响可以忽略不计，从而将问题转化为非耦合问题。由于考虑的材料是岩石，岩石的应变速率可以认为是非常缓慢的，故忽略岩体的变形对温度的影响，只考虑温度的变化产生的热应力对岩体的变形的影响。要确定热应力，必须进行两方面的计算：一是计算弹性体内各点在各瞬时的温度，求得两个瞬时温度场之差，即弹性体的变温；二是求解热弹性力学的基本方程而得到热应力。一般来说，沿巷道径向存在温度梯度，温度差产生温度应力，并且随着温差增大，温度应力也增大[22]。

很多深井巷道变形难以控制的一个主要因素是巷道围岩中的复杂应力，复杂应力是一个概括的说法，绝大多数人都将复杂应力看作是特殊地质条件导致的构造应力，实际上这种说法不太确切，真正的复杂应力应该是构造应力和巷道开挖后地应力重新分布所产生的一种次生地应力的综合，由于次生地应力通常都伴随着很大的应力集中，故而对巷道的稳定性有很大威胁。另外，随着巷道围岩温度的不断升高，岩石的力学特性和变形特性均发生了较大的变化，一般而言，随着温度的升高，岩石的延性加大，屈服点降低，强度也降低。并且岩石在高温高压下容易产生微裂隙。通过单独考虑每个场来预测评价围岩的行为是不能令人信服的[39-40]。

随着工程实践和理论研究的深入，人们逐渐认识到高温巷道开挖后，岩体内部温度场与应力场之间将会产生耦合作用，而且是通过岩体内温度分布发生改变而联系起来的。两者的耦合作用具体表现在以下两个方面：

（1）温度场的改变影响应力场。岩体内温度场的改变影响岩体的物理力学性质，导致某些岩石随温度的升高，在弹性模量和强度减小的同时，还将产生热应力，引起巷道围场应力场的变化，进而影响巷道的位移场和破碎区、塑性区和弹性区的分布[22]。

（2）应力场的改变影响温度场。在应力场的作用下，岩体骨架的变形会引起导热系数的变化，岩体骨架的应变率对温度场的分布也会产生一定影响[41]。

高温作用下岩石的破坏强度是巷道热力耦合作用研究的重要组成部分。国内外学者对岩石的强度和温度的关系进行了试验研究，得出随着温度的升高，岩石的抗压强度逐渐下降，其降低趋势与温度大小及岩石的种类密切相关[42-44]。左建平等[45]将岩石破坏过程视为能量释放和耗散的过程，在温度和压力耦合作用下，岩石将塑性应变和温度梯度引起的热传导两方面作为耗能机制，当二者能量累积耗散到某一临界值时，岩石就会发生失稳破坏。赵洪宝等[46]通过进行高温前后超声波在砂岩试件中的传播试验，发现超声波在砂岩内部的传播速度随砂岩经历的温度升高而降低，进而得出岩石经历高温时内部将产生不可恢复的损伤，从而引起岩石强度的降低的结论。

关于热力耦合下岩石的本构方程的研究，张晓敏等[47]在近代本构理论的框架下叙述了热力耦合问题的本构方程，确定了常用热传导方程的各类形式在现代本构理论谱系中相应的地位，并把它们归入相应的谱系。左建平等[48]通过理论分析，推导出了热力耦合作用下岩石的流变模型方程，据此可大致估算特定温度变化条件下岩石的流变破坏时间，并得出温度改变能够缩短岩石的流变破坏时间，且温度变化率越大，岩石破坏所需的时间越短的结论。邵保平等[49]在大量试验研究的基础上，从岩石内部微观结构角度分析了热力耦合作用下花岗岩的流变机制，得出了花岗岩在热力耦合作用下的流变本构方程。韦四江等[39]采用非完全耦合研究方式对深部矿井进行了温度场、应力场和应变场的耦合作用研究，推导出不同变温范围条件下巷道围岩的应力-应变关系，并通过计算实例得出：与非耦合情况相比，耦合作用下巷道围岩的切向应力、表面位移、塑性区和破碎区半径均有较大增加。热力耦合作用下岩石本构关系的建立，为深部巷道高温作用下围岩变形规律的研究奠定了理论基础。

随着计算机技术的发展，数值模拟软件越来越多地应用到热力耦合问题的研究中。文献［50-51］采用有限元分析软件 ANSYS 对巷道和隧道中的热力耦合问题进行了模拟，并得出了许多对维持深部巷道围岩稳定性有参考价值的结论。刘锋珍等[52]采用 FLAC3D 软件对热力耦合作用下巷道的稳定性进行了模拟，结果表明，热力耦合作用时，热应力对围岩稳定性的影响主要体现在热应力作为周期性附加载荷作用在巷道围岩上，使巷道塑性区变形增大，围岩壁面易发生扰动失稳。许富贵等[53]采用 FLAC3D 软件模拟了不同温度场作用影响下深部软岩隧洞洞室围岩的变形规律，结果表明，随着围岩温度的升高，围岩的变形值、最大主应力值及塑性区分布范围等均有所增大，且远大于不考虑耦合作用的情况。

以上研究表明，高温显著地影响了深部围岩的各种力学响应，对深部巷道围岩进行热力耦合分析具有实际意义。

4.4.2 流固耦合研究现状

岩石是可以变形的多孔介质材料，地下水的存在会降低裂隙岩体的强度等力学参数。同时，受人工扰动后，在荷载和水压力的作用下，地下水在岩石中流动，孔隙水压力和流动速度的变化将导致岩石变形。反过来，岩石的变形又将引起渗流通道的改变，从而影响地下水的流动，地下水流动与岩石变形之间的这种相互作用就是流固耦合作用[54]。

流固耦合除了指宏观场中流体和固体之间的相互关系，另一个物理含义是微观场中渗流场和应力场之间的相互作用。孔隙流体压力的变化会导致岩石有效应力的改变从而影响岩石骨架的变形，与此同时，岩石骨架的变形又会反过来导致渗透特性和孔隙流体压力的改变从而影响渗流过程。但是，经典的渗流力学和岩石力学对流体流动与岩石变形的相互耦合作用没有给予适当考虑，显然，这样的处理方式与处于耦合状态下的工程实际之间存在较大的差异，要想更准确地解决实际工程环境中的各种问题，必须将经典的渗流力学、岩石力学结合起来，全面考虑渗流、岩石变形之间的耦合过程，建立流固耦合模型。关于流固耦合作用的研究最早可追溯到太沙基提出的著名的有效应力公式[55]，迄今为止该公式仍是进行孔隙介质与流体之间相互作用研究的基础公式。20 世纪中叶，比奥等[56-58]进行了三维固结问题的研究，奠定了流固耦合理论研究的基础。布鲁诺和纳卡加瓦[59]利用比奥理论（即孔隙弹性理论）研究了孔隙压力对岩石的张性断裂的起裂和扩展的影响。

20 世纪 70 年代至 90 年代，国内外岩土工程界对岩土体流固耦合问题的研究，主要集中在单裂隙的渗流模型、单裂隙渗流与变形的耦合机理、裂隙岩体的渗流场与应力场耦合数学模型及求解方法等方面[60]。目前，对裂隙岩体渗流的数学处理主要有连续介质数学模型、离散裂隙网络模型、双重介质模型和离散介质-连续介质耦合模型。

荣传新等[61]采用弹塑性损伤力学理论，推导出了考虑地下水作用的巷道围岩的应力分布规律，给出了巷道围岩稳定性的理论解，并指出孔隙水压力存在临界水压力。当孔隙水压力接近此值时，巷道将处于非稳定的平衡状态，极易发生失稳和坍塌，进而引发突水事故。

吉小明等[62]给出了考虑地下水渗流力作用下饱和孔隙介质地层的解析解，并进行了数值模拟，结果表明，在考虑渗流作用时，隧道周边位移和最大剪应力分别最大增加 17.0% 和 10.3%。在不考虑衬砌情况下，渗流力将引起围岩的应力、位移的增加。

随着计算机技术的发展和大量地下工程的建设，众多学者开始针对工程实际采用不同的数值模拟软件进行数值模拟研究，在分析流固耦合作用机理的同时，也为工程施工设计提供了参考依据。王水平等[63]采用 ANSYS 软件的热分析模块来模拟渗流场，得到了流固耦合作用下巷道渗流场与应力场的分布规律。研究结果表明，在考虑渗流场的影响时，围岩应力场有所增加，巷道最大应力区域出现在巷道两侧。衣永亮[64]采用有限元软件 Midas GTS 对金川二矿区-1000 m 巷道围岩稳定性进行了模拟分析，发现巷道开挖引起的围岩应力重分布显著地影响到渗流场的分布；反之，渗流场的变化对巷道围岩变形和应力分布规律的影响不明显。因而对于硐室开挖，力学过程对渗流过程的影响是主要的，而后者对前者的影响则是次要的。杨天鸿等[65]结合工程实测数据，采用 COMSOL Multiphysics 软件，对考虑了各向异性的巷道围岩渗流力学模型进行了数值模拟。研究结果表明，岩体的各向异性对围岩应力场分布、渗流场和损伤区的大小影响显著。郑红等[66]采用 F-RFPA2D 岩石破裂过程渗流-应力耦合分析系统研究了红透山深部断层下巷道围岩的破坏过程，揭示了巷道应力重分布诱发损伤及渗流涌水的规律，并定位了涌水通道的位置。唐延贵[67]采用 Flex PDE 有限元软件对四种不同边界条件下的渗流-应力耦合模型进行了对比分析，结果表明，不同渗流边界条件将会对渗流-应力耦合效应产生较大的影响。

王超等[68]采用 FLAC3D 软件中的流固耦合模式对实际工程进行了"开挖—支护—再开挖"过程模拟，通过对围岩变形与破坏机理的分析，确定了深部巷道围岩变形破坏的关键部位，为深部巷道支护设计提供了参考。

深部巷道处于高渗透水压的环境中，进行开挖往往会引起巷道涌水、突水、塌方冒顶等工程问题，严重延误工程进度，甚至还会造成巨大的生命财产损失。因此，进行裂隙岩体渗流-应力耦合作用分析具有极其重要的现实意义。

4.4.3 渗流场与温度场耦合研究现状

随着岩体开采深度的增加，地下岩体的温度也随之增大，深度每增加 100 m，岩体温度一般会增大 3~5 ℃。一般情况下，地温梯度为 30 ℃/km，若开采深度在 1000 m 以下，则此时岩温可以达到 30~40 ℃，由此将造成井下工作条件恶化，阻碍井下救援工作。以往对渗流场以及温度场的分析往往是单独进行的，对两场之间的相互影响没有加以考虑，为了使分析得到的温度场分布更准确，更好地反映实际情况，开展巷道围岩渗流-温度耦合的数学模型及其数值计算研究具有重要的现实意义。

渗流场-温度场耦合，即流体和热能在介质中的动态变化过程，热能可以改变流体的密度、黏度，从而改变流体的运动速度，同时流体作为热能的传播介质，在多孔介质中进行热传导、热对流。温度场是影响范围最广的场。所有的场都在不同程度上受到了温度的影响，这主要是因为任何一种场都具有其物质实体，这种实体的属性一般是温度的函数。导热原理：当物体体内存在温度梯度时，经验证明，能量将从高温区域传递到低温区域。能量通过传导传送，且每单位面积的热传导率正比于正常温度梯度[69]。

Clauser 和 Huenges[70]曾提出在近地表的岩层，传热的主要方式是热传导。只有在极深的地层且温度达到 1000 ℃ 以上时，传热的方式才变为热对流和热辐射。因而工程岩体中渗流场与温度场的耦合作用表现在以下两个方面：

（1）当岩体中有渗流发生时，一方面，地下水的流动使得岩体与地下水的热量传递与交换得以顺利地进行；另一方面，地下水作为多场耦合系统中热量传递的"载体"，正是由于地下水渗流伴随的热对流作用而产生的热量的迁移。地下水流与岩体表面之间会发生热量的交换，这是热传导和热对流两种作用相互叠加的结果。此时地下岩体的传热是一个复杂的过程，除了遵守热量传递的基本规律外，同时还受流体流动规律的支配。在地下水的渗流过程中，地下水流与岩体之间存在的温差（岩石的温度一般高于地下水流的温度）将促使岩石与地下水流之间发生热量的转移（以热传导作用为主），与此同时，在地下水渗流过程中还伴随着热对流效应。经过连续不断的热量的交换调整，最后岩体的温度与地下水流的温度会达到一个新的平衡状态，整个岩体温度场呈下降趋势，温度总体降低。其热流量包括两部分，一部分是由岩体的热传导作用引起的热量传递；另一部分是由地下水渗流夹带的热量。根据能量守恒原理，这些热量必须等于单位时间内岩体温度升高所吸收的热量。岩体的温度场分布受地下水的渗流的影响很大，渗流速度越大，对温度场的影响也越大。

（2）岩体内温度场的变化，导致地下水赋存环境（温度）发生相应的变化，改变了岩体的热物理性能，通过岩体结构特征的变化而影响了岩体的渗透性能及地下水的渗流特性，发生渗流场的改变。

以上两方面的作用相辅相成而达到动态稳定状态，构成所谓的耦合。

温度会随着矿井深度和地质条件的不同而变化。许多国家的浅部矿产资源逐渐开采殆尽，如加拿大和南非，地下开采作业开始向更深的地层开发。由于地热梯度，自然开采温度随之增大。当开采作业靠近地热资源时，开采环境和围岩处于高温状态。地下采矿作业中的温度变化也具有其他变量来源，如矿山机械、爆破操作、照明、通风、火灾等。

4.4.4 多场耦合研究现状

深部巷道处于复杂的地质力学环境中，开挖后往往是在多场耦合效应作用下发生变形和破坏的。工程岩体内渗流场、应力场与温度场之间实际上构成了的一个大耦合作用系统。工程岩体渗流场、应力场与温度场之间的耦合作用主要通过地下水的渗流运动和岩体的变形以及地热的传递得以实现，即当工程岩体内发生地下水的渗流或岩体形变或地热差异时，在合适的地质环境下会产生渗流场、应力场与温度场之间的耦合作用。

针对深部巷道多场耦合问题，国内外学者从数学模型、数值计算和数值模拟等方面做了大量的工作。李宁等[71]推导出了裂隙岩体介质的温度-渗流-变形三场耦合作用模型，并给出了有限元解析解和分析计算方法。黄涛[72]提出了裂隙岩体渗流-应力-温度三场之间"非完全"和"完全"耦合作用的研究模式。柴军瑞[73]在研究岩体应力、温度和渗流两两之间相互作用的基础上，建立起渗流-应力-温度三场耦合连续介质模型，但由于计算过于复杂，很难求得其解析解。梁卫国等[74]根据盐矿水溶开采的复杂物理化学过程，提出了固-液-热-传质耦合数学模型，并进行了数值模拟。盛金昌[75]建立了多孔介质流-固-热三场全耦合作用的数学模型，并采用 FEMLAB 软件求出了数值解，通过对比已知的解析解，证明了该耦合模型和求解方法的正确性。王永岩等[76]在建立深部软岩连续介质温度场-应力场-化学场三场耦合控制方程的基础上，对深部巷道软岩进行了三维数值模拟，得出蠕变是深部软岩巷道产生大变形的主要来源，其次是弹性应变和热应变。应力场对深部软岩巷道围岩蠕变的影响最大，其次是化学场和温度场。

由于多场耦合问题涉及岩石力学、渗流力学、传热学等学科，建立起的数学模型往往相对复杂。因此，在两场耦合数值模拟和三场耦合模型研究的基础上，亟须开展多场耦合数值模拟研究，全面系统地对深部巷道围岩变形规律和破坏特征进行分析，为深部巷道围岩稳定性分析和工程施工提供参考依据，确保矿山安全高效生产。

4.5　深部复杂多场环境对深部开采影响研究趋势

在开采扰动和强流变共同作用下，深部采矿实际上是一个高应力场、高温度场、高渗流场等多场耦合作用下固、液、气多相并存，多场耦合作用的物理力学过程。应重点研究深部岩体在高地应力、地下水、气体、温度等多场作用下稳定与非稳定变形、破坏状态及转化机理、条件和规律，以及矿产资源作为固、液、气三相介质在多物理场作用下的耦合机制。

针对深部高应力、高水压、高地温、大井深、强扰动等导致的开采难题，应重点开展以下研究。

4.5.1　深部强扰动和强时效下的多相并存多场耦合理论研究

针对深部开采"强扰动""强时效""多相"及"多场"并存的共性特征，揭示深部应力场、渗压场、地温场等多场耦合机理，建立深部强扰动和强时效下的多相渗流理论，从而创新深部强扰动和强流变下采动岩体多场多相的渗流定量分析模型，建立深部采动岩体多相渗流理论。

开采深度的增加会导致采动岩体和矿体出现弹性、潜塑性、塑性状态的转换，应重点研究岩体在高地应力、地下水、气体、温度等多场作用下稳定与非稳定变形、破坏状态及转化机理、条件和规律，以及研究矿产资源作为固、液、气三相介质多物理场耦合机制。主要包括：

（1）深部多相介质、多场耦合条件下采动岩体裂隙场时空演化规律。研究强扰动与强时效条件下深部采动岩体裂隙分布及演化特征，建立采场裂隙演化与多物理场的耦合作用模型，揭示高应力、高地温与高渗透压耦合作用下采动岩体裂隙场时空演化规律。以深部强烈开采扰动和强时效为出发点，提出深部多相介质、多场耦合条件下采动裂隙网络定量描述的参数指标体系，建立多相介质、多场耦合条件下采动裂隙场随工作面推进度的演化模型。

（2）深部多相介质、多场耦合条件下采动岩体损伤力学理论研究。考虑深部岩体的赋存环境，研究深部多场耦合对采动岩体物理力学特性的影响规律，建立深部岩体在高地应力、高地温度和高孔隙压力多场耦合条件下的损伤力学模型，定量表征多场耦合作用下采动岩体的变形、损伤、破坏全过程。

（3）深部强扰动和强时效下多物理场耦合模型。依据深部岩体的赋存条件和应力环境特征，探讨多场耦合作用对岩体的变形属性、物性方程及破坏特征的影响规律，以及多物理场之间的耦合影响规律，尤其是采动引起强卸荷或应力集中条件下的多物理场耦合规律，从而建立深部强扰动和强时效下采动岩体多物理场耦合模型。

（4）深部强扰动和强时效下多相渗流理论。针对深部岩体赋存环境下岩体的低渗属性，建立多相介质非达西渗流模型，研究强扰动和强时效下达西模型到非达西模型的适用转换条件，进一步探讨深部强扰动和强时效下采动裂隙中多组分气体、液体压力分布与演化规律，建立采动裂隙中气液耦合流动模型。综合考虑深部开采卸荷或应力集中等采动应力重分布因素，研究不同尺度下的气液耦合流动过程。探讨深部开采岩体强蠕变过程固相、液相、气相共存的多相介质非达西渗流规律。

4.5.2 深部岩体应力场-能量场分析、模拟与可视化研究

深部开采引发的采动应力场演化、岩体非连续结构的变形破坏是看不见、摸不着的"黑箱"，现场探测的技术难度大、可靠性差，这对准确理解和把握深部围岩动力灾害的致灾机理，定量表征和准确预判动力灾害发生的时间、位置和量级造成了极大的困难。因此，深入研究探索深部岩体应力场、能量场的可视化方法及深部动力灾害的能量机制，将有望揭开这个"黑箱"的面纱，真实可视地再现深部岩体的变形、受力、破坏、渗流等力学行为，为深部岩体力学研究带来方法上的进步。主要包括：

（1）深部岩体复杂结构的重构算法与重构模型。提取和分析深部天然岩体非连续结构的几何、分布与拓扑特征，提出深部岩体的非连续结构定量表征方法，建立一种新的高效深部岩体非连续结构的分形重构算法，构建深部岩体非连续结构的分形重构模型，为实现采动应力条件下深部岩体应力场、能量场的定量表征及可视化提供平台。

（2）采动应力条件下深部岩体三维应力场可视化分析与定量表征。研制与深部岩体基本力学性能相一致的三维应力可视化材料，建立深部岩体非连续结构可视化物理模型，发展三维应力冻结技术与提取方法，建立深部岩体采动应力场的三维应力矢量的提取与表征方法，实现开采条件下深部岩体应力场演化特征的定量表征及可视化。

（3）采动应力条件下深部岩体能量场可视化研究。基于深部岩体的三维可视化数字模型，定量分析采动应力条件下深部岩体变形破坏的能量场及破坏区域的演化及空间分布特征，揭示深部岩体变形破坏的能量耗散与释放规律以及由能量主导的变形破坏机制，建立深部岩体变形破坏的能量场可视化模型。

（4）采动应力条件下深部岩体应力场-能量场致灾预测模型。基于深部岩体非连续结构的分形重构模型、三维应力场-能量场的可视化分析方法，探讨采动条件下深部岩体诱发灾变的应力场和能量场的分布特征及演化规律，揭示深部岩体采动应力场-能量场演化特征与灾害诱发机理，建立基于三维可视化分析的深部岩体采动应力场-能量场演化致灾的预测方法和模型，为深部岩体资源开采设计与支护提供理论基础与指导。

（5）深部资源开采过程和灾害防控的可视化推演技术。基于深部采动岩体应力场-能量场可视化理论与技术，以及基于能量演化的非线性动力失稳模型，以某深部矿为试验基地，开发和实施开采过程和灾害防控的可视化推演技术，三维直观地再现资源开采过程中能量积聚、应力释放、非连续结构演化及岩层与围岩变形及动力失稳的各种力学现象的发生机理、时空过程、释放能级等，为深地资源开发和灾害预测与防控提供超前的、全新的和最为直观的技术手段。

实现深部开采下的三维应力场-能量场可分析、可模拟、可透视，探索深部采动三维应力场-能量场的演化特征及灾害诱发机理，其关键在于建立深部岩体三维应力场和能量场的分析模拟及可视化理论与方法，并建立深部岩体能量积聚演化模型及能量调控方法，形成深部开采过程中的三维应力场-能量场分析、模拟和可视化的理论、方法和技术，为深部重大灾害的预测、预警与控制提供有效理论与方法。基于3D打印技术-三维应力冻结技术-三维光弹方法，为定量显示岩体内部复杂裂隙结构周边应力场分布可视化、开采或开挖过程中顶底板能量场可视化迈出了第一步。

4.5.3 深部围岩复杂赋存环境与工程扰动条件下长时流变性研究

考虑深部围岩真实复杂赋存环境，探究工程扰动条件下围岩初始损伤积累、围岩扰动应力空间动态调整路径、岩体微元长时能密度动态演化机制；开展不同赋存深度扰动围岩长时流变性测试与分析，揭示不同赋存深度围岩损伤-渗流-温度-流变耦合机制；开发多场耦合围岩长时流变数值模拟技术，进行深部围岩长时变形及损伤破坏过程分析和预测。

参 考 文 献

[1] 古德生. 金属矿床深部开采中的科学问题 [C] //香山科学会议（第六集）：科学前沿与未来. 北京：中国环境科学出版社，2002：192-201.

[2] 蔡美峰，谭文辉，任奋华，等. 金属矿深部开采创新技术体系战略研究 [M]. 北京：科学出版社，2018.

[3] 乔兰，张亦海，孔令鹏，等. 基于分段解除的深部空心包体应变计中非线性优化算法 [J]. 煤炭学报，2019，44（5）：1306-1313.

[4] 周维垣. 高等岩石力学 [M]. 北京：中国水利水电出版社，1990.

[5] 王双江，蔡美峰，苗胜军，等. 三山岛金矿地应力场测量及结果分析 [J]. 中国矿业，2003，12（10）：45-47.

[6] Sjöberg J, Christiansson R, Hudson J A. ISRM sugges-ted methods for rock stress estimation-part 2：Overcoring methods [J]. International Journal of Rock Mechanics and Mining Sciences，2003，40（7/8）：999-1010.

[7] Zang A, Stephansson O, Heidbach O, et al. World stressmap database as a resource for rock mechanics and rock engineering [J]. Geotechnical and Geological Engineering，2012，30（3）：625-646.

[8] 蔡美峰. 岩石力学与工程 [M]. 北京：科学出版社，2013.

[9] 王衍森，吴振业. 地应力测量应变值检验及应变计最佳布片方式 [J]. 岩土工程学报，1999，21（1）：53-55.

[10] 董诚，王连婕，孙东生，等. 空心包体三轴地应力测量系统的升级改造 [J]. 实验技术与管理，2009，26（1）：51-55.

[11] 白金朋，彭华，马秀敏，等. 深孔空心包体法地应力测量仪及其应用实例 [J]. 岩石力学与工程学报，2013，32（5）：902-908.

[12] 刘少伟，樊克松，尚鹏翔. 空心包体应力计温度补偿元件的设计及应用 [J]. 煤田地质与勘探，2014，42（6）：105-109.

[13] 闫振雄，郭奇峰，王培涛. 空心包体应变计地应力分量计算方法及应用 [J]. 岩土力学，2018，39（2）：725-721.

[14] 李远，乔兰，孙歆硕. 关于影响空心包体应变计地应力测量精度若干因素的讨论 [J]. 岩石力学与工程学报，2006，25（10）：2140-2144.

[15] 李远，王卓. 基于双温度补偿的瞬接续采型空心包体地应力测试技术研究 [J]. 岩石力学与工程学报，2017，36（6）：1479-1487.

[16] 占丰林，蔡美峰. 地温梯度对地下矿山地应力计算的影响 [J]. 矿业研究与开发，2006，26（3）：24-25，48.

[17] 张政辉，蔡美峰. 地下水对地应力测量的影响 [J]. 金属矿山，2001（11）：42-44.

[18] 冯兴隆，陈日辉. 国内外深井降温技术研究和进展 [J]. 云南冶金，2005，34（5）：7-10.

[19] 王进，赵运超，梁栋. 矿井降温空调系统的分类及发展现状 [J]. 中山大学学报，

2007，27（2）：109-113.

［20］何满潮，郭平业．深部岩体热力学效应及温控对策［J］．岩石力学与工程学报，2013，32（12）：2377-2392.

［21］Wang J, Huang S Y, Huang G S, et al. Basic characteristics of the Earth′s temperature distribution in Southern China［J］. Acta Geologica Sinica, 1986, 60（3）：91-106.

［22］黎明镜．热力耦合作用下深井巷道围岩变形规律研究［D］．淮南：安徽理工大学，2010.

［23］刘景秀，李慧，周磊．干燥巷道围岩传热对平巷风流温度影响研究［J］．金属矿山，2011（8）：147-150.

［24］高建良，张学博．潮湿巷道风流温度与湿度变化规律分析［J］．中国安全科学学报，2007，17（4）：136-139.

［25］Malolepszy Z. Preliminary numerical simulation of heat exchange in abandoned workings of former coal mine［C］//Proceedings of the Ninth International Symposium on Heat Transfer and Renewable Sources of Energy. Szczecin：［s n］, 2002：471-478.

［26］Krasnoshtein A E, Kazakov B P, Shalimov A V. Mathematical modeling of heat exchange between mine air and rock mass during fire［J］. Journal of Mining Science, 2006, 42（3）：287-295.

［27］Peide S . A new computation method for the unsteady heat transfer coefficient in a deep mine［J］. Journal of Coal Science & Engineering（China）, 2000, 5（2）：57-61.

［28］Peide S. A new method for the unsteady heat transfer coefficient between surrounding rock and tunnel airflow［C］// Proceedings of NARMS-TAC2002. Toronto：University of Toronto Press, 2002.

［29］孔祥强，谢方静，陈喜山，等．围岩对矿井入风流温度的影响分析［J］．金属矿山，2009（5）：164-167.

［30］何满潮，昌晓俭，景海河．深部工程围岩特性及非线性动态力学设计理念［J］．岩石力学与工程学报，2002，21（8）：1215-1224.

［31］周宏伟，谢和平，左建平．深部高地应力下岩石力学行为研究进展［J］．力学进展，2005，35（1）：91-99.

［32］王福成，王英敏．红透山矿地温预热潜力的研究［J］．工业安全与防尘，1996（5）：22-25.

［33］陈洪凯．裂隙岩体渗流研究现状（Ⅰ）［J］．重庆交通学院学报，1996，15（1）：55-60.

［34］李涛．裂隙岩体渗流与应力耦合数值分析及工程应用［D］．郑州：华北水利水电学院，2005.

［35］张聪．基于机器学习的矿井突水安全保障系统及应用［D］．北京：北京科技大学，2019.

［36］黄天瑞，李贵仁，赵珍．北洺河铁矿深部开采放水试验及数值模拟分析［J］．中国矿业，2015（11）：107-112.

［37］翼东，徐晨，李腾飞，等．滨海深部开采矿山水文地质环境调查与渗流场特征分析

［J］．工程地质学报，2016，24（4）：674-681.

［38］樊勇，李慎斌，徐京苑．FEFLOW 在非洲某大水铜矿涌水量评价中的应用［J］．地下水，2017，36（5）：16-18，158.

［39］韦四江，勾攀峰，马建宏．深井巷道围岩应力场、应变场和温度场耦合作用研究［J］．河南理工大学学报（自然科学版），2005（5）：351-354.

［40］何满潮．深部的概念体系及工程评价指标［J］．岩土力学与工程学报，2005（16）：7.

［41］韦四江，勾攀峰，何学科．基于正交有限元的深井巷道三场耦合分析［J］．黑龙江科技学院学报，2005，15（3）：171-173.

［42］Wong T E. Effects of temperature and pressure on failure and post-failure behavior of Westerley granite［J］. Mechanics of Materials, 1982（1）：3-17.

［43］许锡昌．温度作用下三峡花岗岩力学性质及损伤特性初步研究［D］．武汉：中国科学院武汉岩土力学研究所，1998.

［44］许锡昌，刘泉声．高温下花岗岩基本力学性能初步研究［J］．岩土工程学报，2000，22（3）：332-335.

［45］左建平，谢和平，周宏伟．温度压力耦合作用下的岩石屈服破坏研究［J］．岩石力学与工程学报，2005，24（16）：2917-2921.

［46］赵洪宝，尹光志，谌伦建．温度对砂岩损伤影响试验研究［J］．岩石力学与工程学报，2009，28（S1）：2784-2788.

［47］张晓敏，彭向和．热力耦合问题的本构方程［J］．重庆大学学报（自然科学版），2005，9（6）：111-114.

［48］左建平，满轲，曹浩，等．热力耦合作用下岩石流变模型的本构研究［J］．岩石力学与工程学报，2008，27（S1）：2610-2616.

［49］邵保平，赵阳升，万志军，等．热力耦合作用下花岗岩流变模型的本构关系研究［J］．岩石力学与工程学报，2009，28（5）：956-967.

［50］王永岩，曾春雷，卢灿东．隧道围岩热力耦合的数值模拟研究［J］．矿业研究与开发，2008，28（1）：16-18.

［51］刘楠．岩体热力耦合有限元模拟及其分析［J］．咸阳师范学院学报，2009，24（4）：23-26.

［52］刘锋珍，翟德元，樊克恭．深部巷道在热应力场中稳定性分析［J］．矿山压力与顶板管理，2005（4）：58-59.

［53］许富贵，蒋和洋，倪晓，等．热-应力耦合作用下深部软岩隧洞大变形三维数值模拟分析［J］．工程建设，2007，39（2）：5-9.

［54］梁冰，孙可明，薛强．地下工程中的流固耦合问题的探讨［J］．辽宁工程技术大学学报（自然科学版），2001，20（2）：129-134.

［55］Terzghi K. Theoretical soil mechanics［M］. New York：Tiho Wiley, 1943.

［56］Biot M A. Theory of elasticity and consolidation for a porous isotropic solid［J］. Jour. Appl. Phys., 1954, 26：182-191.

［57］Biot M A. General theory of three-dimension consolidation［J］. Jour. Appl. Phys., 1942, 12：155-164.

［58］ Biot M A. General solution of the equation of elasticity and consolidation for porous material ［J］. Jour. Appl. Mech. , 1956, 78: 91-96.

［59］ Bruno M S, Nakagaw F M. Pore pressure influence on tensile fracture progagation in sedimentary rock ［J］. Rock Mech. Min. Sci. Geomech. Absti. , 1991, 28 (4): 261-273.

［60］ 吉小明. 隧道工程中水力耦合问题的探讨 ［J］. 地下空间与工程学报, 2006, 2 (1): 149-154.

［61］ 荣传新, 程桦. 地下水渗流对巷道围岩稳定性影响的理论 ［J］. 岩石力学与工程学报, 2004, 23 (5): 741-744.

［62］ 吉小明, 王宇会. 隧道开挖问题的水力耦合计算分析 ［J］. 地下空间与工程学报, 2005, 1 (6): 848-852.

［63］ 王水平, 王强, 周文厚, 等. 矿体与巷道的渗流场与应力场分析 ［J］. 现代矿业, 2011 (5): 14-17.

［64］ 衣永亮. 金川深部巷道围岩稳定性数值模拟研究 ［J］. 企业科技与发展, 2012 (15): 83-86.

［65］ 杨天鸿, 师文豪, 于庆磊, 等. 巷道围岩渗流场和应力场各向异性特征分析及应用 ［J］. 煤炭学报, 2012, 37 (11): 1815-1822.

［66］ 郑红, 刘洪磊, 石长岩, 等. 深部断层下巷道围岩破坏诱发涌水的模拟研究 ［J］. 力学与实践, 2009, 31 (2): 69-73.

［67］ 唐延贵. 不同边界条件对孔隙介质渗流-应力耦合的影响 ［J］. 甘肃水利水电技术, 2013, 49 (1): 18-21.

［68］ 王超, 赵自豪, 陈世江. 深部巷道围岩变形失稳的数值分析 ［J］. 煤矿安全, 2012, 43 (5): 154-156.

［69］ Holman J P. Heat Transfer ［M］. New York: McGraw Hill, 1963.

［70］ Clauser C, Huenges E. Thermal Conductivity of Rocks and Minerals ［M］. Washington: American Geophysical Union, 1995: 26-105.

［71］ 李宁, 陈波, 党发宁. 裂隙岩体介质温度、渗流、变形耦合模型与有限元解 ［J］. 自然科学进展, 2000, 10 (8): 722-728.

［72］ 黄涛. 裂隙岩体渗流-应力-温度耦合作用研究 ［J］. 岩石力学与工程学报, 2002, 21 (1): 77-82.

［73］ 柴军瑞. 岩体渗流-应力-温度三场耦合的连续介质模型 ［J］. 红河水, 2003, 22 (2): 18-20.

［74］ 梁卫国, 徐素国, 李志萍. 盐矿水溶开采固-液-热-传质耦合数学模型与数值模拟 ［J］. 自然科学进展, 2004, 18 (4): 945-949.

［75］ 盛金昌. 多孔介质流-固热三场全耦合数学模型及数值模拟 ［J］. 岩石力学与工程学报, 2006, 25 (S1): 3028-3033.

［76］ 王永岩, 王艳春. 温度-应力-化学三场耦合作用下深部软岩巷道蠕变规律数值模拟 ［J］. 煤炭学报, 2012, 37 (S2): 275-279.

5 深部地质与环境探测技术和装备现状及其发展趋势

5.1 深部地质探测技术与装备现状

为开拓"深地"新领域，从20世纪70年代开始，各国相继展开了大陆探测计划，苏联最早开展了"大陆科学钻探研究"，在1970—1989年间，已完成12262 m深度的科学钻孔——科拉超深钻孔（Kola Superdeep Borehole）。英国于1981年开始实施反射地震计划，揭示了地球霸主恐龙灭绝猜想；在1984—2003年间，加拿大实施了岩石圈探测计划，为矿产勘探和开采提供了详细信息；1999年，澳大利亚"玻璃地球"计划的目标是人眼能看到地下构造、岩层、矿产甚至灾害；美国的地球透镜计划在2003年由国会批准实施，为期15年（2003—2018年），投资超过200亿美元。此外，德国、意大利也实施了深部探测计划。2008年，我国开始实施深部探测技术与实验研究专项，为期5年（2008—2012年），这是我国历史上实施的规模最大的地球深部探测计划。2017年，我国启动了地震科技创新工程，拟通过"透明地壳""解剖地震""韧性城乡""智慧服务"四个地球深部探测计划的实施，在未来10年，大幅提升地震科学研究水平以及防震减灾能力，达到国际先进水平。

根据《国土资源"十三五"科技创新发展规划》，深地探测的目标是2020年形成2000 m深部矿产资源开采、3000 m深部矿产资源勘探成套技术能力，储备一批5000 m以深资源勘查前沿技术，油气勘查技术能力扩展到6500~10000 m。

目前，地质探测常用的勘探方法有坑探、槽探、钻探、地球物理勘探等。其中，钻探是地质勘察中应用最为广泛的一种勘探手段，它可以获得深层的地质资料。地球物理勘探应用物理学理论和方法研究地球、认识地球，为矿产资源勘探、环境监测和灾害防治提供服务，这种方法正处于大力发展的阶段，由于物理学中有力、磁、电、光、声、热、放射性等分支学科，因而地球物理中相应的有重力、磁法、电法、地震、遥感、地热和放射性等地球物理方法，它们分别以不同岩石的物理性质为依据，用不同的物理方法和物探仪器，探测天然的或人工的地球物理场的变化，通过分析、研究获得的物探资料，推断、解释地质构造和矿产分布情况。因此，一种地球物理方法只反映地质体的一个侧面。

随着矿山由浅部向深部的转变，传统的地质勘探方法难以适应深部勘查的需要。深部地质和矿山环境勘探具有高度的综合性，必须采用不同的方法、技术，相互渗透、相互补充，实现多专业的有机结合，地质、物探、化探技术应用相结合，钻探验证[1]。

5.1.1 重力勘探方法

重力勘探的物理基础是牛顿万有引力定律。地球表面的重力随地点而变化，重力的变化与地下物质密度分布不均匀有关，研究地下物质密度分布不均匀引起的重力变化（称为重力异常），可以了解和推断地球的构造、地壳的构造以及勘探矿产资源。

重力勘探方法在地质构造、填图、油气与金属矿勘探中都发挥着重要作用。由于重力勘探方法可以探测到深部的密度异常，故能在地质构造的应用中探测到较大的深度；在金属矿勘探方面，当矿体顶部埋藏较深时，将重力异常与其他地质与物探信息相结合，可以较准确地确定矿体位置，是寻找隐伏和深部固体矿产的有效找矿手段[2]。

一般认为，当异常体埋深不大于异常体水平尺寸时，重力勘探可以取得更好的效果[3]，传统的重力勘探深度一般浅于 500 m。当矿体顶部埋藏较深时，利用高精度剩余重力异常剖面结合地质研究可以大致确定矿体的位置，有效地指导钻探工程的布设，是寻找隐伏矿床较为有效的找矿手段，故高精度重力勘探可以有较大的勘探深度[4]。目前，重力勘探的最大深度可达 800 m 以上。

重力勘探包括地面重力探测技术和航空重力探测技术，航空重力测量系统早在 20 世纪 80 年代就已出现，其最初用于水上采集，修改后用于飞行测量，GPS 和惯性导航系统（INS）的发展使航空重力的应用变成现实。2000 年以后航空重力测量有了突飞猛进的发展，航空重力在油气勘探、地质填图中得到了广泛使用[5]。

澳大利亚必和必拓公司在昆士兰州乔治地区开展了航空重力工作，发现了以前无法开展地面重力测量的 Cu-Au 异常点，在异常处布了三个钻孔，见到多个目标体。目前，航空重力测量主要用于不大于 1∶200000 比例尺的区域地质填图以及固体矿产的勘查及寻找陆地、海洋中与石油天然气有关的地质构造，但为获得更好的勘查效果，常与航磁等方法结合进行，航空重力测量的前景十分明朗[4]。

要得到与地下物质密度分布不均匀有关的重力变化并非易事。这种变化与重力的全值相比，是非常微小的。例如，一个局部地质构造或矿床引起的重力变化不到整个地球引起的重力全值的 $1/10^7$（大约）。所以，要观测到这样微小的变化，首先必须采用灵敏度高、精度高、稳定性好、适合野外复杂条件、便于携带的专门的重力测量仪器。其次，由重力仪测量的值不一定全部是重力值，它包含了大量的外界影响，如由温度、气压及轻微的振动引起的仪器读数变化都会比重力的变化大许多倍，这些影响必须予以消除。最后，根据仪器读数计算的重力值，不完全是由地下地质体引起的，它包含了地形起伏、测点的高程变化、地球并非球体以及地球自转引起的重力变化。只有去掉这些影响，才能得到由地下物质密度分布不均匀引起的重力异常。

一个测点的重力异常是由地下地质体或所有的密度分布不均匀引起的叠加异常，要得到地下某个地质体，如一个矿床的位置、产状、大小等信息，必须从叠加异常中分离出单纯由这些勘探目标引起的异常。根据分离出的勘探目标引起的异常，求出或反演出引起这个异常的地质体。重力异常的分离和反演是重力资料数据处理及解释的主要任务，也是重力勘探工作最困难的问题。

重力解释存在固有的多解性，根据观测重力异常推断勘探目标的数据可靠性会受到影响。在有利的条件下，重力解释结果可靠。一般应参考其他地球物理资料以及地质钻探资料进行综合地质解释。

在进行深部找矿时，重力勘探作为前期工作的物探方法，可以快速圈出主要的异常区域，为其他物探方法提供方向，同时，在反演与解释过程中，多种地球物理方法的综合利用可以大大减少地球物理资料的多解性。

实践证明[6-14]，重力勘探方法对金属矿产的查找，特别是隐伏矿床的查找起重要作用。因此，将重力勘探与其他物探方法进行结合是金属矿勘探的重要发展方向。

5.1.2　磁力勘探法

磁力勘探又称磁法勘探（以下简称"磁法"），它是通过观测和分析由岩石、矿石或其他探测对象磁性差异所引起的磁异常，进而研究地质构造和矿产资源或其他探测对象分布规律的一种地球物理方法。

磁法勘探精度高，径向探测范围大，分辨率高，具有良好的空间定位能力，在探测矿体的长度、走向、品位等方面有显著优势，适用于具有磁测前提的矿床、地层、构造等，特别是在磁铁矿及与磁铁矿伴生的其他金属矿的勘查中发挥着重要作用[15]。为了适应当前的找矿需求，加大找矿深度，在原有磁法勘探的基础上，发展出探测深度更大、分辨率更高的高精度磁测方法，其磁测总误差小于或等于 5 nT，将探测深度加大到 500 m 以上，在弱磁性目标体的勘查或隐伏磁性体在地表产生的弱磁异常研究方面取得了很好的效果。

磁力勘探除了地面磁法，还有航空磁法。航空磁法是应用最广泛的航空物探方法，目前航空磁测用的仪器有两类：一类是测总磁场模数的变化；另一类是测总磁场模数变化的梯度。主要使用的仪器有核子旋进磁力仪、光泵磁力仪和磁通门磁力仪，灵敏度一般可达 $3 \times 10^{-4} \sim 5 \times 10^{-4}$ nT/m。主要用于地质填图和大区域构造研究、金属矿和其他固体矿藏勘查、石油和天然气普查等。

长期以来，航空磁法的探测深度都在 500 m 以内，随着深度的增加，深部磁性体源在航磁观测平面上的信息反映微弱[16]。但随着仪器的进步和方法的改进，以及大比例尺航空磁测的逐步应用，航磁探测深度也在不断加大。

磁法作为发展时间最长的物探方法，除了其自身的理论最为成熟之外，还具有诸多其他方法无法代替的优点，如在划分断裂构造、圈定岩性边界、磁性矿产勘查等方面具有其独特的优势。此外，具有经济快捷、工作效率最高等特点。因此，磁法已成为应用最广泛的物探方法，尤其是在磁铁矿和有色矿的勘探中，磁法有着不可替代的优势。现阶段，高精度的磁法勘探技术已逐渐成熟，普遍勘探深度可达到 500 m 左右，最深可以达到 1000 m。

传统的勘探中，磁场随着深度的增加呈二次方衰减，矿体的埋深加大，其反映在地表的观测值就会急剧减弱，圈定和解释这些微弱的异常便会存在较大的难度[17]。将高精度磁法与勘探深度较大的电磁法（如瞬变电磁法、大地电磁法等）相结合，可为电法勘探结果提供地磁信息，多种地球物理方法相结合，地面与航空物探相结合，是今后进行深部地质探查的主要方向。

5.1.3　电法勘探

电法勘探是地球物理学中应用电学、电磁学及电化学在解决地质找矿问题中发展起来的一门应用科学。电法勘探的实质是以岩石、矿石之间的电学（电磁学和电化学）性质差异为基础，通过观测和研究电（磁）场在地下的分布规律，探查地质构造和矿产资源。

在电法勘探中，主要通过观测岩石、矿石的四个物理参数（电学性质），即电阻率（ρ）、导磁率（μ）、极化率（η）和介电常数（ε）的时、空分布状态来实现电法勘探的目的。通常，应用电法勘探来探查深部和区域地质构造，寻找油气田和煤田、金属和非金属矿产，进行地下水勘查、工程地质和环境勘查等。

对于不同的地质问题以及不同的探测要求，电法勘探工作将采用不同的工作方法和装置。例如，传导类电法中的电阻率法、充电法、自然电场法、激发极化法和感应类电法中的电磁测深法、电磁剖面法等方法，其中有的是利用天然场源，有的是利用人工场源。现将各种主要方法介绍如下。

5.1.3.1　激发极化法

激发极化法是一种成熟的方法，主要针对与硫化物矿床有关的勘探方法，特别是激电中梯方法，工作效率高，扫面速度快，极化率参数不受地形影响。然而传统的 IP 方法的勘探深度一般不大，在 $100 \sim 200$ m，加上探测深度还与测区的平均电阻率和人文噪声水平有关，导致其在矿产普查和深层资源勘探中受限[1]。

5.1.3.2　大地电磁测深法

大地电磁测深法（MT）是频率域电磁法的典型方法，是利用天然交变电磁场来研究地球电性结构的一种地球物理勘探方法，其场源为地球与太阳风互相作用产生的天然交变电磁场，具有探测深度大、频率低、波长长、成本低等优点，在深部隐伏地质勘探中有不可替代的优势[18]。

大地电磁测深法利用的频率范围为 0.005～200 Hz，探测深度达几十至上百千米。MT 的勘探深度不仅与频率有关，还与地表电阻率以及其厚度有关。MT 深部探测的信号很弱，抗干扰能力较差，为了适应不同的观测环境，MT 发展出了许多变种方法，如混合源电磁法（EH4）可以提高分辨率，可控源音频大地电磁法（CSAMT）能够有效提高信噪比，CSAMT 的频率范围一般为 n～8192 Hz，勘探深度为 2～3 km，EH4 的频率范围一般为 10～100 kHz，在 1 km 内有较高的分辨率。

5.1.3.3　瞬变电磁法

瞬变电磁法（TEM）是利用不接地回线或接地线源向地下发射一次脉冲磁场，在一次脉冲磁场间歇期间利用线圈或接地电极观测地下介质中引起的二次感应涡流场，从而探测介质电阻率的一种方法。TEM 是时间域电磁法的典型方法，使用阶跃波或其他脉冲电流场源激发大地产生过渡过程场，断电瞬间在大地中形成涡旋交变电磁场，测量这种由地下介质产生的二次感应电磁场随时间变化的衰减特性，从而达到解决地质问题的目的。与传统的直流电法等方法相比，探测深度明显增大，垂向分辨率较高，可以有效探测覆盖层下的良导体，探测深度一般可达 300～400 m，最高可达 1500 m[19]。

由 TEM 发展而来的瞬变电磁测深法、航空瞬变电磁法、井中瞬变电磁法、瞬变电磁剖面法四类方法在我国均已进入普及阶段，且效果较好[20]。中国地质科学院在贵州银厂坡银铅锌矿床，使用 TEM 进行了勘探，于地下 1718 m 发现块状铅锌矿体[21]。在墨西哥的 Vizcaino 断面进行的瞬变电磁勘探，根据 Spies 理论和实际应用效果，得到其勘探深度在 640～1600 m[22]。在山东某煤矿，采用加拿大 GEONICS 公司生产的 TEM67 瞬变电磁系统，发射采用 850 m×100 m 矩形线框，发射电流为 17 A，中心回线工作装置，根据勘探的煤系基底奥陶系灰岩高阻段所反映，得到实际勘探的深度达到 1400 m 左右。在红透山铜矿 40 线进行的瞬变电磁测深试验，通过反演电阻率断面，显示出低阻异常，推测出埋深于地下 1000 m 左右的隐伏矿体[23]。另外，在华北某煤田，通过增大瞬变电磁发射磁矩，瞬变电磁勘探的探测深度可以达到 1500 m 左右，可以满足目前开采深度的勘探需求[24]。

5.1.3.4 高密度电阻率法

高密度电阻率法（multi-electrode resistivity method）是一种阵列勘探方法，它以岩、土导电性的差异为基础，研究人工施加稳定电流场的作用下地中传导电流的分布规律。野外测量时只需将全部电极（几十至上百根）置于观测剖面的各测点上，然后利用程控电极转换装置和微机工程电测仪，便可实现数据的快速和自动采集，当将测量结果送入微机后，还可对数据进行处理，并给出关于地电断面分布的各种图示结果。

在实际勘探中，高密度电法的勘探深度在 50 ~ 300 m。研究发现，探测深度与勘探线长度成正比，长度越长，探测深度越深[25]。

5.1.3.5 航空电磁法

航空电磁测量（airborne electromagnetic survey）简称"航空电磁法"或"航电"，是航空物探的一种主要方法，将航空电磁仪系统安装在飞机或其他飞行器中，通过观测仪激发或天然形成的电磁场，和由它在地下地质体中感应产生的异常电磁场，或单独观测此异常电磁场，通过研究异常电磁场的空间和时间或频率特性（以电磁感应原理为主），来寻找矿体或解决某些地质问题。电磁法的勘探深度普遍较大，一般在 500 ~ 2000 m，与传统的重磁方法相比其勘探深度要高出许多，且测量精度与可信度也更大。

航空电磁法分为时间域航空电磁法、频率域航空电磁法和音频磁场法（AFMAG）。

A 时间域航空电磁法

20 世纪 90 年代末期，固定翼时间域航空电磁勘查技术已经逐渐成熟，该方法具有效率高、操作灵活、使用地域广、探测深度大、分辨率高等优点，主要系统有 GeoTEM、TEMPEST、MegaTEM，广泛用于金属矿勘探、水资源调查、地质填图，探测深度可达 500 ~ 800 m；21 世纪开始，吊舱式时间域直升机电磁勘查系统发展迅速，如 Fugro 的 HeliGEOTEM、GEOTEMdeep 系统，Geotech 公司的 VTEM 系统，Aeroquest 公司的 AeroTEM 系统、GPX 公司的 HoistEM 等。其中，VTEM 的探测效果和商业成就突出，探测深度一般可达 300 ~ 500 m，甚至更大[26]，在大偶极矩及低基频使得穿透深度更大，尤其是在低阻体环境中，可以达到 500 ~ 800 m[27]。

由 Fugro 公司生产的 GEOTEMdeep 是世界上航空电磁中偶极矩最大的系统，其在许多地质条件下都可以达到 400 ~ 500 m 的穿透深度[28]。

B 频率域航空电磁法

频率域航空电磁法是利用地下物性的导电性、导磁性（有时也包括介电性或电化学性）的差异在飞行器中测量不同频率变化下的电磁场的空间分布和频率特性，进而推断地下不同物质的分布，从而解决各类地质问题的方法[29]。

吊舱式直升机频率域电磁系统的发射与接收线圈均放在吊舱中，系统较为灵活，适合进行矿产和水文地质、工程地质和环境地质的勘查工作。根据实际勘查经验，一般认为频率域直升机电磁法的最大勘探深度为 150 m 左右[30]。

时间域航空电磁方法相较于频率域，有较大的探测深度，而频率域航空电磁法在浅层的探测能力相对较强。根据在德国北部 Cuxhaven 峡谷进行的两种方法的对比结果，频率域航空电磁法发现了地表以下 20 m 处的异常体，而飞行所用的航空瞬变电磁系统却未能发现；相应地，航空 TEM 方法探测到地表以下 180 m 处的异常，频率域方法就未能发现[31]。

C 音频磁场法（AFMAG）

Z 轴倾子电磁测量系统（ZTEM）是基于音频磁场法（AFMAG 法）原理并进行改进创新的航空天然场电磁观测系统，是一种有效的大深度电阻率探测方法。其对微弱电阻率异常体具有很好的识别和分辨能力，低频 25/30 Hz 能够穿透电覆盖层，在高阻结晶岩石中的探测深度很容易达到 2000 m；在导电性沉积岩和地热建造中的探测深度可达 500~1000 m。

2015 年 4 月，核工业航测遥感中心受青海省地质调查局的委托，在 4000 m 高海拔地区完成了世界上首例具有标志性意义的航空天然场源电磁法 ZTEM 试验飞行，根据屈服深度公式，得到此次试验的测量深度达到 2000 m[32]。

由于不同地下介质对电信号的反应差异，许多电磁法在地下水、地热与碳氢化合物的勘探中都有较好的效果，这也是电磁法未来的发展方向。但电磁法很容易受到测区电阻率情况、人文噪声水平等外界因素的影响，造成测量结果的偏差。另外，各类矿体与岩体的控矿介质、结构和深层过程也不尽相同[18]。因此，针对不同的勘探目标，应结合重力、磁法、地震、放射性等方法进行联合分析，才能更好地实现电磁法在深部找矿中的应用。

5.1.3.6 大深度高精度广域电磁勘探技术

"大深度高精度广域电磁勘探技术与装备"是由中南大学何继善院士领衔的团队研发的，2019 年 1 月 8 日，获得国家技术发明奖一等奖。该研究推动了电磁法理论、技术与仪器装备的变革，解决了传统人工源电磁法只能近似计算视电阻率的世纪难题，为增加我国能源与矿产资源探明储量带来巨大效益。

深地物理探测必须依赖地面装置透视地球，一是用声波，类似给地球做 B 超；二是用电磁波，类似给地球做 CT。这两种方法用于测量不同的物理量，二者缺一不可。不过，由于地球是由非均匀、强耗散介质组成的，地下电磁波的传播方程求解困难重重。1971 年，加拿大学者 Goldstein 将这种复杂的曲面波方程简化为平面波方程，近似获得用于反映岩石和矿石等导电性变化的视电阻率参数，从而建立人工信号源电磁勘探法测定地下电阻率理论，形成可控源音频大地电磁法，简称"CSAMT"。

近半个世纪以来，CSAMT 方法几乎垄断了所有人工源频率域电磁法勘探市场，我国的 CSAMT 勘探投入也超过百亿元。何继善院士认为，深地探测要求探得深、探得精、探得准，在方法理论、探测技术和仪器装备三个方面均存在巨大挑战，而国际领先的 CSAMT 无法满足目前我国深地探测战略的需求。唯一的出路是抛弃平面波思维，建立全新的曲面波电磁勘探理论，推动电磁勘探技术与装备的变革。

历时 22 年，这场推动电磁法理论、技术与仪器装备走向变革的创新终于"开花结果"：何院士团队严格求解电磁波在地下的传播方程，创立了全新的广域电磁法理论，发明了有源周期电磁信号有效信息高效提取技术，搭建起高精度电磁勘探技术装备及工程化系统，解决了传统人工源电磁法只能近似计算视电阻率的世纪难题，实现了强干扰环境下电磁信号的高信噪比测量，探测深度、分辨率和信号强度分别是 CSAMT 的 5 倍、8 倍和 125 倍，最大探测深度超过 8 km。

该发明于 2015 年起被列入中国地质调查局招标体系，在中石油、中石化、地调局等 50 多家单位成功应用，潜在经济价值超过 1.5 万亿元[33]。

5.1.4 地震勘探法

地震勘探是利用人工激发的弹性波在岩石中的传播来研究地下的地质体结构和岩性信息的一种地球物理方法。地震勘探不同于以位场为理论基础的重力勘探和磁力勘探，而是以地震波传播为理论基础的。因此，地震勘探需要有激发弹性波的震源和接收地震波的检波器（传感器），而所利用的地震波场分别有纵波、横波、转换波以及折射波、反射波和面波。因此，地震勘探法包括反射地震勘探技术和地震层析成像技术。

5.1.4.1 反射地震勘探技术

作为深部探测的核心技术，反射地震技术具有探测深度大、分辨率高等特点，正逐步成为解开深部构造矿床勘探难题不可或缺的重要手段。近年来反射地震技术在深部金属矿勘探中的取得很多重要进展，包括了岩石物性基础、三维地震技术、井中地震技术以及正演模拟等方面。

A 岩石物性基础

岩石物性基础反射波法地震勘探得以应用，需要满足的先决条件是探测目标（矿体或控矿构造）与围岩间存在明显的波阻抗差异。

B 三维地震勘探技术

三维地震探测是利用人工震源激发的地震波在地下岩层中传播的路径、时间和波场，探测地下岩层的埋藏深度、形状和速度结构等几何和物理属性，认识地下地质构造，进而发现隐伏断裂、特殊地质构造（如发震断裂和孕震构造等地下结构）的技术。

如果不考虑成本的制约，在诸如矿区等复杂地质环境且勘探程度较深的区域，3D 地震调查无疑具有更好的成像效果。

1987 年，首个针对金属矿产的 3D 地震调查项目在南非完成。此后不久，3D 镍铜勘探的地震调查项目在 Sudbury 矿区进行。1996 到 2002 年间，由 Noranda 公司（现在的 Xstrata）资助的深部勘探（<1500 m）项目也开展了大量 2D、3D 的地震调查。2009 年，加拿大 Halfmile Lake 地区的 Bathurst 矿区，三维地震技术成功圈定了约 1200 m 深处的隐伏的块状硫化物矿床。

随着勘探的深入，三维反射地震调查在矿产勘查中的应用变得越来越普遍。联合矿业公司在澳大利亚 Kambalda 地区进行了大量的三维地震调查。其中，为镍矿勘探所开展的 3D 地震调查，取得了巨大的成功。

C   井中地震技术

对于倾斜角度较小的反射体的刻画，地面地震调查是相对经济且有效的。但是，对于倾角较大或近乎直立的构造，井壁扫描、垂直地震剖面（VSP）或矿井地震剖面（MSP）等井下地震技术明显更具优势。井中地震方法得到的数据通常比地面地震数据具有更高的分辨率。在识别裂缝和断层带时，井下数据成像效果的改善更加明显，可作为地面地震数据的重要补充。同时，井中数据可以直接对叠前时间偏移或深度偏移时所需的介质速度进行估计，这在地震数据处理中显得十分有意义。另外，井中数据，尤其是三分量检波器的布设有很多优势：反射波传播距离减小，这样高频数据的衰减就较少；横波的传播速度只有纵波速度的 60%，这样较短的波长的信号也可以使用。这样利用三两检波器在井中采集的地震数据分辨率就能有所提高。

D   正演模拟

正演模拟有助于对矿体或构造波场的认识，对地震数据的处理与解释有很好的指导意义。在沉积岩地区的勘探中，对已知矿体或典型构造的正演模拟研究已经非常成熟。近年来，在金属矿勘探中，一些学者尝试在已开展 2D 或 3D 反射地震的矿区进行正演模拟以研究矿体的形态及弹性波场的相应特征，取得了一些很有价值的认识。

反射地震技术在金属矿勘探中具有很高的可行性与广阔的应用前景。然而，相比于油气行业，现阶段金属矿反射地震勘探无论在岩石物性测量还是数据采集、处理与解释等方面都存在着明显的不足，还需要不断地认识和改进。

5.1.4.2   地震层析成像技术

地震层析成像（seismic tomography）主要利用地震波穿过地球内部的不同深度，获取传播路径上介质的速度信息，在此基础上根据特定的数学方法反演地球内部的速度结构，并以图像的形式将它们显示出来。地震层析成像是 20 世纪 80 年代地学最杰出的成就之一。

现有研究结果表明，地震层析成像技术不但可弥补反射地震资料在探测浅表层方面的不足，还可为反射地震资料的静校正和偏移处理提供有用的速度信息，从而提高反射地震资料的处理效果，可解决从地表至数千米深度范围内的地质构造问题。层析成像不依赖于层状介质模型，可以探测多种类型的不均匀体，比较适用于金属矿勘探。

5.1.5 高精度 CT 探测技术

CT 探测技术就是依据在物体外部观测到的数据来建立物体截面的图像。CT 技术在应用地球物理领域的研究始于 20 世纪 70 年代初，主要研究如何利用弹性波（声波、地震波）、电磁波或其他场的数据对地球内部进行成像，其理论基础是 Radon 变换，从层析的意义上看，沿射线路径传播的信号累加起来了模型的某些性质，如慢度、衰减等，当多道射线路径从许多方向上传经该模型时，就可以提供足以重建该模型的信息。

5.1.6 4D-GIS 透明地质技术

4D-GIS（也称为 T-GIS）是建立在时态数据库等基础上的综合应用系统，其研究对象是地球及表面实体或现象，在过去、现在和未来等时空状态信息。4D-GIS 是一种采集、储存、分析与显示空间实体随时间变化信息的空间数据库系统。比较而言，传统 GIS 是对于空间实体的静态描述，它反映空间实体的当前状态，无法描述空间实体的历史状态，更无法预测其未来发展趋势。4D-GIS 是把时间作为空间实体的基本特征，研究空间实体随空间、时间变化规律的空间信息的模拟方法。

5.1.7 三维激光扫描技术

三维激光扫描是近年发展起来的一种新兴技术，它能够十分快捷地对井下采空区的地形地貌进行全方位、多角度的无损扫描，扫描后导入数据处理软件中获得采空区的三维空间地形、体积、横断面大小等数据，严格掌握采空区概况，为治理和排查隐患提供科学依据。

我国的矿山开采力度和开采速度均在不断增加，开采不断下延，采空区不断增多，矿区安全事故频发，一旦处理防护不当，就会对矿企工人的生命财产安全、生产运营、回填治理等造成严重影响，典型的采空区事故有空区顶板跌落、地面塌陷等。

借助三维激光扫描系统，可以在较短时间内对采空区的三维数据进行扫描和获取，实现矿区三维信息可视化操作，对采空区体积、边界条件、地层情况和采矿量进行实时监控。除此之外，仪器还可以对采空区的崩塌岩土体进行计算，得到其垮塌量。以往使用的经验估算值受工作人员专业水平限制，其准确性往往较低，使用三维激光扫描设备可以显著提高数据的准确性。随着信息化技术的不断应用和发展，信息化技术手段在各行各业中的应用越来越广泛，在矿山开采行业中如果能够采用自动化和智能化集成度高的三维激光扫描设备，结合智能机器人，就可以实现矿山井下测量的无人操作模式。使用这一技术可以对采空危险区域进行精确把握，为危险区的保护措施提供科学的数据支撑。

利用三维激光扫描技术，并结合信息技术传导手段，可以构建各个地区的井下信息数据库和数字化的矿山地质模型。通过数据库和地质模型，一方面可以获取矿区真实的三维地质数据，为采矿技术和安全防护措施提供直观的图纸资料；另一方面，还可以极大地提高企业的安全生产效率，降低生产事故发生率。同时，大规模的数字化矿山模型可以整合到国家数字矿山平台中，各高校科研机构可以通过这一平台进行基础性的研究工作，有效提高我国的矿山生产技术水平。

5.1.8　放射性勘探

放射性勘探又称放射性测量或伽玛法，是借助地壳内天然放射性元素衰变放出的 α、β、γ 射线，穿过物质时，将产生游离、荧光等特殊的物理现象，根据放射性射线的物理性质，利用专门仪器（如辐射仪、射气仪等），通过测量放射性元素的射线强度或射气浓度来寻找放射性矿床以及解决有关地质问题的一种物探方法。放射性物探方法有 γ 测量、射气测量、径迹测量和航空放射性勘探等。

放射性勘探具有方法简单、仪器轻便、成本低、易掌握、测量灵、速度快等优点，可以在地形地物差异较大、电磁干扰严重、振动及噪声明显的城镇、矿山等地区工作，通过测定许多参数和元素含量，解决不同的地学问题。但是各类放射性方法的勘探深度普遍偏小，在找矿方面的主要侧重点也集中在铀矿等放射性矿产以及浅层地物上[34]。

5.1.9　无人机测绘

无人驾驶飞行器简称"无人机"，英文缩写为 UAV，是利用无线电遥控设备和程序控制装置操纵的不载人飞行器。

过去的采空区测量主要采用人工架设测量。要想对空间尺度超过 40~50 m 的空区进行扫描，则技术人员必须携带笨重的扫描设备走到空区边缘，手持延伸杆，将设备探入空区进行测量。这种传统空区测量方法对人员和设备来说具有很大的危险性。目前，无人机的出现解决了这个问题。无人机测绘具有轻便灵活、机动高效的特点，无人机起降方式灵活，具有低空循迹的自主飞行方式、快速响应的多数据获取能力，无人机可以搭载高分辨率数码相机进行快速拍摄，也可以搭载视频采集设备，实时地采集并回传即时的影像数据，体现出分辨率高、实效性好等优势，还可以搭载合成孔径雷达设备，能够在能见度不高的情况下获得高清晰度图像。

矿用无人机一般由三个主要系统组成，即机载系统、通信系统、地面站系统（图 5-1）。无人机的关键技术有无人机系统集成技术、能源动力技术、定位与导航技术、感知与监测技术、通信与信息技术、决策与规划技术、自适应控制技术、多传感器信息融合技术。

图 5-1　无人机

目前，在井下没有 GPS 的情况下，无人机依然能够自主飞行，并完成测绘和 3D 建模。无人机在井下所承担的定位与地图构建，又叫作 SLAM（simultaneous localization and mapping）应用。

与三维激光扫描（TLS）和空区探测系统（CMS）相比较，井下无人机的优势在于：

（1）自主飞行的无人机，可节约人员成本，具有高灵活性，并且可以覆盖传统扫描仪无法去到的特定区域（图 5-2），具有防碰撞功能，完全不用担心无人机的飞行障碍。

（2）与传统 CMS 相比（图 5-3），无人机测绘具有超过密度踩点，全覆盖无遗漏点，扫描的详细程度可用以对断层和断裂面等岩土结构进行更有价值的识别等优点[35]。

澳大利亚 Northern Star Resources 公司的 Jundee mine 金矿用一架搭载 Hovermap 的无人机（图 5-4）进行了井下自主飞行和激光扫描。Hovermap 是一种适合专业无人机的自主有效载荷和三维激光雷达（Lidar）地图构建设备。基于无人机的 LiDAR 捕获功能可对区域内的特征（结构、地形、植被）进行精确的 3D 数字扫描，非常适合"3D"（dirty 脏、dangerous 危险和 diffcult 困难）任务，减少了工人检查基础设施或矿山的风险。

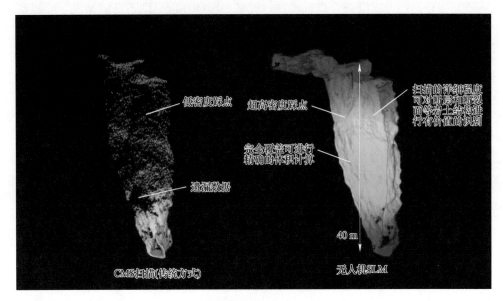

图 5-2 传统测绘与无人机测绘的比较

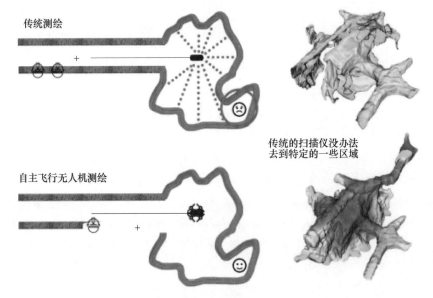

图 5-3 无人机测绘与传统 CMS 测绘的比较

Hovermap 具有以下特点：

（1）无 GPS 飞行：允许在室内、地下或桥下飞行。

（2）基于 SLAM 的 3D 地图构建：独特的二合一即插即用有效载荷，为工业

图 5-4 搭载 Hovermap 的无人机

无人机提供地图构建和自主飞行。

（3）避免碰撞和自主飞行：球形视野可以建图并避免下方、上方和周围的碰撞。

Hovermap 已被澳大利亚、美国、加拿大、中国和日本的早期客户广泛用于实际扫描任务，用于检查和构图，如采矿（地上和地下）、石油和天然气基础设施、电信和输电塔，以及桥梁、道路和隧道。

2019 年 8 月 21 日，天河道云和翼目神公司携带全套 SALM 无人机地下扫描设备，进入昆钢集团大红山矿业有限公司地下采场，对复杂采空区及巷道进行了无人机扫描（图 5-5）。

翼目神 Hovermap 是一款能够用于实战的室内外地空一体化 SLAM 无人机扫描系统，它结合了无人机、激光扫描和 SLAM 技术，实现了无 GPS 信号条件下的三维激光点云数据快速采集，能够在包括露天、户外、室内、地铁、坑道等各类空间内进行三维数据采集，点云数据精度可以达到厘米级。

无人机在井下典型的应用包括 20 m 深度的矿井测绘，在狭窄的密闭环境里测绘，巷道收敛监测，在地表以下 2995 m 深处飞行，矿井每天爆炸 100 个地方（这意味着矿井每天有 100 个新的地方需要勘察），对每个节点进行 3D 建模等。

无人机测绘可以提高灾情信息采集的准确性及传输的时效性，对灾情发展趋势做出及时、准确的预测和预报，制订防治方案，为决策部门的科学决策提供科

图 5-5　巷道无人机扫描

学依据，为最大限度地减轻灾害损失提供至关重要的帮助。

5.2　深部水文地质探测技术与装备

对水文地质问题的探测是金属矿山岩土工程勘察中非常重要的工作环节，它决定着整个工程的质量，水文地质会在很大程度上影响到工程地质，两者联系紧密，并且相互作用。地下水组成了岩土体和工程的基础环境，其状况的好坏对工程的稳定性和安全性有着重要影响。在很多工程项目中，就是因为水文地质的工作不够完善，导致工程后期出现一些难以解决的问题。

矿井突水是导致伤亡最多、经济损失最大的矿难事故。由于其发生突然、波及面广、杀伤力强，且突水灾害的持续时间长、复矿成本高，因此突水是矿井灾害之首。

为查清水文地质条件，在采区布置前、工作面掘进、工作面回采准备和工作面回采过程四个生产环节，常用不同的地球物理探测技术进行探测。

5.2.1　采区布置前探测技术

采区布置前探测技术包括高分辨三维地震勘探技术、瞬变电磁探测技术、磁偶源探测技术、频率测深探测技术、高密度电法探测技术、水位监测系统、钻孔无线电波透视技术。

三维地震等弹性探测方法对矿体和采空区等地质条件的探测效果较好，瞬变电磁场等电磁探测方法对矿体上下地层及构造的导含水条件的探测效果较好。采用两方面技术结合探测，并进行综合解释，综合解决采区的构造地质和水文地质问题，是掌握开采基本地质条件的理想技术组合，这在发达国家已成为建井前的基础工作。

5.2.2 井下超前探测技术

在掘进和工作面形成的过程中，掌握掘进前方地层的变化及隐伏导含水地质体问题，对掘进效率、作业安全来说都是十分重要的。目前较多采用的技术方法有瑞利波超前探测技术、矿井直流电法技术和地质雷达技术等。

地质雷达是一种较简单的超前地质预报的技术方法。但是由于其随距离的增加衰减率增大，探测距离较近，因此是目前短距离预报的方法之一。它对地质构造反映较好，对构造的含水性判别的可靠性较差。

矿井直流电法是成熟的探测技术，解决综合矿井水文地质问题的效果会稳定。该方法是探查矿井巷道侧帮、底板和前方的含水、导水构造，隔水层厚度，潜在突水，断裂构造带及其分布规律等水文地质条件的有效方法。

瑞雷波方法适合于探测巷道前方、侧帮、顶底板前方的不连续矿体，是探测石门厚度、底板的隔水层厚度、剩余矿体厚度和断层延伸方向的有效手段。

瑞利波探测技术、直流电法探测技术、地质雷达技术等能够解决掘进头及巷道边帮 30~50 m 构造及含水体的超前探测。

5.2.3 工作面回采条件探测技术

在工作面回采前要进一步把握工作面内的矿体是否连续、有无影响连续回采作业的隐伏构造、延伸到工作面内的断层是否落差加大、顶底板是否有构造导水、隔水厚度是否符合要求等地质问题。只有掌握这些信息，并采取地板加固等技术处理，或设计适当的回采作业工艺，才能确保工作面安全、高效地回采。目前常用的技术方法主要有无线电波透视技术、音频电透视技术、弹性波 CT 层析成像技术和原位地应力测试技术等。

在工作面回采准备阶段，现有的探测技术已经可以对 250 m 以下的工作面及其上下 70 m 以内的地层含水性及结构有一个较好的了解[36]。

5.2.4 工作面回采过程监测技术

在回采过程中，应利用声发射及电磁辐射底板监测技术、应力应变检测技术、水压及渗流检测技术等监测回采作业中的矿压、水压变化，以确保回采作业的安全。

5.3 深部应力与温度环境探测技术与装备

5.3.1 地应力测量与技术

通常，地壳内部地应力状态是不尽相同的，但存在规律性，地应力的大小会与地下深度的大小成正比关系；构造部位和地理方位不同，每一点的应力增加的幅度也不同；相同的一块岩体由于所处的地理位置不同，其力学状态也会有很大的差异。地应力的成因较为复杂，主要有两个原因，一是重力作用；二是构造运动。研究发现，构造运动主要是水平方向。总体而言，影响地应力的因素有很多，包括岩体自重、构造运动、大陆板块边界受压、地表剥蚀、水和温度、岩浆侵入、物理力学性质等。只有在了解原岩应力的前提下，通过现代数值计算方法，才能准确地得到在工程开挖过程中围岩所受到的应力及其变化，因此，近几十年来地应力测量以及测量方法是主要的研究对象。

根据测量数据特点，地应力测量方法可分为绝对地应力测量和相对地应力测量。绝对地应力测量方法根据测量的基本原理又可分为直接测量方法和间接测量方法，直接测量法有水压致裂法、声发射法、钻孔崩落法等；间接测量法有套钻孔应力解除法、应力补偿法、应力恢复法等。

5.3.1.1 水压致裂法

水压致裂法是20世纪60年代末由海姆森和费尔赫斯提出的，该测量方法在20世纪中后期得到了广泛的应用与推广。

水压致裂法已被认可为既准确又有效的地应力测量方法，并作为衡量其他测量方法的标准。通过对水压致裂法的分析，可以获得地层中的有关力学信息，比如地应力的方向、大小。测量应力的空间范围比较大，在没有可利用的巷道和硐室时，更能显示其优越性。该方法测得的主应力方向不准，因为理论来说这是一种地应力估算方法，适用于别的方法难以完成的深孔测量；所用设备笨重，封隔加压技术比较复杂。

5.3.1.2 声发射法

声发射法是在凯瑟效应的基础上来测定地应力的一种方法，也称为凯瑟效应法。其原理是材料受到外载荷作用之后，材料内部会将储存的应变释放出来，材料释放形式为弹性波，在应变释放的过程中会发出声响，从而可以测量材料内部的应力值[37]。

声发射法不仅可以通过测定获得地应力的大小，还可以对岩心进行定向来获取原地应力的方向，常规的声发射方法能较好地对地层表面的地应力进行测量。其工作量小，可以保持研究岩体的完整性，在同一地点或者多区进行多次测量。

但声发射法不适合地层深处的探测，因为当岩芯在 3000 m 以上的深度取得时，如果利用常规声发射方法对岩芯进行实验，往往在还没有达到凯瑟点时，岩芯就已发生破坏，同时伴有声音发出，此时采集到的信号就不是声发射凯瑟效应发出的信息，所以无法用这种方法对深部地层进行测量[38]。

由于声发射需要弹性波作为介质，因而声发射法多适用于强度较高的脆性岩体，对于较松软的岩体则不适用，精度比较低。

5.3.1.3　应力解除法

应力解除法的基本原理是测试岩体与周围岩体分离后，此时施加在该点岩体上的应力得到释放。该法既是 2003 年国际岩石力学测试专业委员会（ISRM）推荐的一种地应力测量方法，也是国内外最为常用的一种地应力测量方法。它是以平面应力状态为理论基础，假定岩体是连续、均匀、各向同性、线弹性的。

目前，主要采用的套芯应力解除法有空芯包体应力解除法和压磁应力解除法。空芯包体应力解除法采用空芯包体应变计进行测量，压磁应力解除法采用以铁磁体磁致伸缩原理为基础设计的传感器进行应力测量。压磁应力解除法地应力测量技术最早起源于瑞典，经过地质力学研究所的长期改进和创新，该方法已在国内许多重大工程中应用并取得了良好的效果。相比较而言，空芯包体应力解除法操作简单、经济实用、精确度较高，且可测量三维应力状态，但是其测量深度较小（仅数 10 m），多用于隧道、矿山、地下硐室安全设计等方面。压磁应力解除法是一种平面测量方法，在三个相互正交的钻孔中可测得三维应力值，其测量探头稳定性好、灵敏度高，测量深度大（可达 100~200 m），多用于对变形控制要求较高的隧道、硐室及核废料处置等工程中。

5.3.1.4　应力恢复法

应力恢复法是基于向壁面内部解除水平方向的槽的同时，随之壁面附近的应力被解除，应力状态也得到恢复的原理，在侧墙的表面或者壁面上找一完整的部位，预先在解除槽的上下部位安装两个测量元件，然后进行槽的解除。在进行率定试验时，向槽内埋设压力枕，对岩体进行施压，使岩体的应力达到应变没有解除前的状态，等岩体的应力状态完全恢复，这时测得的压力枕的大小就是岩体原来受到的应力的大小[39]。通过测量应力恢复后的应力和应变，就可根据弹性力学推算出测试点的应力状态。

应变恢复法可分为滞弹性应变恢复法（ASR）和微分应变曲线分析法（DSCA）。ASR 法通过测量岩芯在径向和轴向的应变恢复，可获得主应变方向，进而得到主应力方向，但对主应力值的估计则较为困难，需要针对不同岩性建立准确的本构模型。DSCA 法认为，解除应力后，定位岩芯将随着膨胀而出现微裂隙，裂隙分布和原岩应力的方向有关，裂隙密度与原岩应力的大小成正比。通过对试件正交面上的应变片施加静水压力，记录各应变片的应变值并描绘应变-压力曲线，可以分析得到三个主应力的方向及比值。若已知其中一个主应力的大小（通常假设垂直应力为上覆层岩体重量），即可确定另外两个主应力的大小。

应力恢复法是一种无须考虑岩体应力-应变关系的直接测量方法，该方法读数直观，无需弹性模量、泊松比的换算，可直接得到地应力值，测试技术也容易掌握。但只能用于地表测量，测量深度受限制，并且获得的地应力不是原地应力而是二次地应力。

5.3.2 深部高温环境探测技术与装备

岩层温度升高是深部开采无法回避的热害问题。在深部开采条件下，地温升高是井下工作条件恶化的重要原因，持续的高温将对人员的健康造成极大的影响，使劳动生产率大幅下降、生产事故大量增加，同时还会降低井下设备的工作性能，减少井下设备的使用寿命。在深部开采条件下，岩层温度明显升高，世界范围内的千米深井平均地温为 30~40 ℃，如南非 M-poneng 金矿已开采到地下4000 m，地温达 66 ℃；南非的西部矿，井深 3300 m，井下气温达到 50 ℃；日本丰羽铅锌矿，采深 500 m，但受裂隙热水影响，井下气温高达 80 ℃。地温升高易引起井下工人的生理、心理状况发生变化，造成工人注意力分散、劳动率低下，甚至无法工作。

目前，在采矿领域大多采用深井高温岩层隔热技术。深井高温环境主要是由高温岩层热辐射造成的，研发新型高效的隔热新材料、新技术、新工艺，对岩层高温热源进行隔离，在此基础上再采用人工制冷降温技术等，就会使井下巷道和采矿工作面取得良好的降温效果。

此外，采用深井采矿和深层地热开发相结合的方法，合理有效地开发和利用地热资源是未来的一个发展方向。蔡美峰院士认为，"地热本身是一种天然能源，现在我们只考虑它的副作用，作为一种灾害在防控。如果在深部开采过程中采用热交换技术，对岩层中地热资源开发利用，将深井采矿和深层地热开发相结合，就能大幅度抵消降温成本，从而为采矿深井降温找到一条具有颠覆性的经济有效的技术途径。"

地热资源是一种新型能源，它具有清洁环保、可再生、可循环利用等特点。目前，一般将地热分为浅层地热和深层地热两种地热资源。深层地热包括地下深度在 200~3000 m 的地热能及地下深度在 3000 m 以上的干热岩所具有的热能，温度范围为 90~150 ℃的地热来自深部地层的热水及 150 ℃以上的干热岩。深层地热是由地球本身放射性元素衰变产生的热能，主要是由地壳深部开凿出的"热、矿、水"三位一体组成的极为宝贵的自然资源，具有稳定、连续、利用效率高等优势，是一种清洁、可持续利用的能源。我国中层、深层中温（200~3000 m，90~150 ℃）地热资源中水热型地热的能量相当 1.25 万亿吨标准煤[40]。

地热资源探测的主要方法与技术包括一些常规方法（如地热地质、地球化学、地球物理、钻探等）和一些新技术新方法（如遥感遥测和计算机模拟等）。其中，地球物理勘探适宜于圈定地下深部热储的位置，可以确定与地下热水有关的地质构造，火成岩体的分布、规模和性质，以及各种断裂的方向和性质，以及第四纪覆盖层各含水层的水文地质特征，判断地下热水的分布与埋藏状况等，其常用的方法见表5-1。

表 5-1　地热常用的地球物理勘探法

方法名称	方法简介
地温测量	地温测量是通过深孔或地表浅层钻孔测量地温或地温梯度来预测深部热储构造的一种方法，根据地温或地温梯度异常来预测地下深部是否存在高温地热异常
重力测量法	重力测量法是勘查基底隆起、凹陷，判定深断裂构造位置及走向的一种十分有效的物探方法，尤其在平原覆盖区及城市人文活动强烈地区勘查效果显著
地电测量法	地电测量法是一种比较简便的方法，该方法利用地下电阻率的分布确定地热异常区的温度和热储以及控热构造
大地电磁测深法	大地电磁测深法是利用不同天然电磁场和可控制的人工电磁场，了解地下深层不同深度介质的电性分层，用以推断控制地热孕育、发生、发展、储藏的构造以及了解地下热储的温度状况的一种方法
可控源音频大地电磁测深法	可控源音频大地电磁测深法的理论和仪器都得到了很大发展，应用领域也扩展到普查、勘探石油、天然气、地热、金属矿产、水文、环境等各个方面，从而成为受人重视的一种地球物理方法
航空磁法	利用航空磁测资料，能够发现断裂构造位置及走向，划分基底隆起、凹陷，圈定侵入岩体范围，结合地质资料，推测侵入体形成的大致地质年代和岩性，由此预测侵入岩体对形成地热田的影响程度，进而预测地热田可能形成的远景区域，缩小地热田的勘查靶区
地震法	随着地层温度的升高，岩石的物性特征会发生很大变化，其中最明显的变化是随着温度的升高，岩石的纵波速度降低，横波速度也逐渐减小且趋于零

由于地热田类型不同、热储构造埋深不同，因此不同地热田所选择的物化探勘查方法或不同方法组合也不一样，正确的物化探勘查方法选择将直接影响地热田的勘查效果，遥感测量、航空磁测及区域重力方法适合于地热田勘查的初始阶段，对预选地热田形成靶区较为有利；浅层地温测量对浅成地热田，尤其是对出露地表的温泉的追踪效果较好，但对于深成地热田则基本没有什么效果，而且深层测温成本高，施工不便；电磁测深方法主要是探测地下不同岩层电阻率的分布，对推测勘查区是否存在热储构造，并进行热储构造空间定位预测，确定地热钻孔的合理布设位置，效果较好。上述电磁法的地热田勘查实例分析表明，地热田电磁法勘查测量点距不宜过大，如点距过大，则会导致对断裂构造的位置和断

层性质判断不明，布设地热钻孔困难[41]。

5.4 深部地质与环境探测技术发展趋势

深部岩体所赋存的地质与应力环境复杂，传统的、基于线弹性的测量理论与方法无法适应深部岩体工程的需求。此外，深部开采是一种高度非线性状态下的强烈、瞬时的动态失稳过程，其动力灾害的主要表现形式将明显区别于浅部状态。因此，应该充分考虑深部岩体所赋存的复杂条件，对如下几个方面进行深入探索。

5.4.1 深部岩体原位力学行为与测量技术研究

深部环境、深部应力状态下原位岩石力学的研究，目前缺失原位取芯、原位测试的理论和技术，需要从试验到理论，探索原位保真取芯及测试的原理与技术，实现原位保真取芯测试与分析，主要包括以下方面。

5.4.1.1 深部原位取芯原理与技术

开展深部岩体原位力学行为研究，需要突破一大核心技术问题，即在最大限度地保真深部岩体固有赋存环境的情况下，实现原位高保真取芯。然而，目前实现真正的原位高保真取芯仍存在较大的技术瓶颈，亟须突破高保真钻探取芯的原理、理论与技术难题。因此，需要系统研究保真（保压、保温、保湿、保光等）取芯的原理与方法，在传统钻探取芯装备的基础上研发并集成高保真技术，发展原位、移位、原位恢复保真取芯原理与技术，从而形成一整套深部岩体原位高保真取芯技术与工艺。

5.4.1.2 深部原位测试原理与技术

在原位保真取芯装置上集成随钻测试分析技术，集探测、保真、感知、试验为一体的多功能特性，最大限度地保证岩芯取芯的保真性及岩相相关试验的原位性，突破原位监测与反馈的技术难题，为实现原位力学行为研究提供支撑。系统探索原位保真取芯测试、移位保真测试、原位恢复保真测试的原理与技术，开发配套取芯技术的高保真标准岩芯储藏装置，开展静动、三轴、渗透、破裂、愈合、流变等高保真岩芯力学试验与分析，从而实现对原位环境岩石试件力学行为的监测、测试与分析。

5.4.1.3 深部岩体原位力学及非常规本构行为研究

深部岩体力学研究亟须突破经典岩石力学的理论框架，并发展考虑深部原位状态和工程扰动影响的采动岩石力学新原理、新理论、新方法，从而充分体现深部岩石力学与深度的相关性。通过原位保真取芯测试，获取不同赋存深度岩体原位特征的物性参数和力学参数。在构建原位保真岩体力学试验新标准的基础上，探索深部岩体原位力学行为，探讨深部岩体非线性力学行为响应机制，从力学机理层面真正揭示深部岩体和浅部岩体在力学行为特征上的本质差异，能够实现深部条件或极深条件下岩体力学行为的初步预判与描述。

5.4.1.4 基于深部开采扰动应力路径的岩石力学理论

传统的岩石弹塑性力学理论研究均属基于加载试验的宏观唯象理论，而非全应力空间路径力学行为理论。深部资源开采活动实际上是"高应力（地应力）+动力扰动（开采卸压）"双重作用的力学过程。因此，需要开展基于深部开采扰动应力路径的动静组合加卸载试验，从能量角度出发分析在不同开采扰动应力路径下岩石的破坏规律与机理，在室内试验尺度下还原并捕获开采扰动作用下的岩石破坏全过程，从而建立开采扰动作用下岩体动力灾害致灾判据。

5.4.1.5 复杂地质条件下深部非线性岩体的地应力测量理论与方法

基于对深部地应力场与浅部地应力场分布特征差异性的基本认识，深入探索地应力场随深度增加由线性岩层向非线性岩层过渡的发展规律和原位特征。发展基于岩体非线性特征的测量理论，从而对深部岩体应力进行实时、准确、长期监测，发展适合深部岩体地应力测量的新理论、新方法。

5.4.1.6 深部矿区地应力场反演算法与重构模型

基于已获得的深部三维地应力状态的空间分布规律，研究确定包括构造运动、自重引力、岩层构造、温度变化等影响地应力分布的主要因素及地应力场与岩体结构的关系等。并充分考虑深部岩体的非线性条件，探索构建矿区三维地应力场的反演算法，建立深部地应力场形成演化的重构模型。

5.4.2 深部开采扰动能量在岩体中聚集和演化的动力学过程与规律

针对深部矿山高地应力、高地温、高渗透压、强开挖扰动等特性对能量场孕育过程和聚集条件的影响开展研究，分析并确定不同地质条件及不同工程环境下的能量场分布特性，探索地应力场与能量场之间的转化机制，揭示开采扰动的动力学过程和能量场演化规律，建立开采扰动能量场的时空四维动态分布模型。

5.4.3 深部硬岩高应力与爆破耦合精细破岩理论

研发金属电爆爆破破岩技术及装置、岩石爆裂过程中高速变化的三维应力场和裂纹扩展过程实时光测和超声监测系统，发展深部矿岩高应力与爆破耦合破岩过程的多尺度试验方法，系统而深入地研究不同静应力环境与不同爆破参数情况下岩体爆破破坏的时空演化规律和破坏机制，揭示高静应力与爆破动应力耦合破岩机理，构建考虑应力环境特征、岩性和炸药性能等因素的深部矿岩体能量利用效果评价指标及包含能量利用、破坏区形态、破岩量、块度分布等信息的爆破效果评价指标体系，建立深部矿岩高应变能可利用性及爆破破岩效果的评价方法，逐步形成集应力及能量认知、爆破动态设计和效果评价于一体的深部高应力与爆破耦合精细破岩理论体系。

5.4.4　矿井全空间地球物理场协同观测及耦合分析

在井下全空间，地质、地球物理特征和边界条件更加复杂，协同观测多种地球物理场特征并开展多场耦合研究，可以克服单一地球物理场勘探方法的局限性，降低其多解性。这就需要做到：在技术与装备方面，完善深部空间多种物理场的观测方法与手段，研制用于多场协同测试的新装备；在理论研究方面，结合应力场、裂隙场、渗流场和地球物理场的耦合分析，揭示岩体工程性质和地质构造特征两个方面的问题，提出多物理场耦合的本构关系，形成新的反演理论与算法，预测采动条件下的相应物理场的变化特征。

5.5　针对灾害源的矿井地球物理精细探查技术体系构建

5.5.1　针对灾害源的矿井地震精细探查技术

由于探测空间局限、巷道围岩松动圈的吸收不均匀以及全空间效应等问题，影响了矿井地震数据的品质，需要在激发接收上有所创新；只有研究高精度全空间地震反射成像方法和固-水-气三相介质地震属性识别技术，才能给出矿井灾害源的精细地震识别方法。以地震全波场信息为基础，以多波联合反演为手段进行矿井地震勘探研究是主导方向。

5.5.2　针对灾害源的矿井直流电法精细探查技术

针对灾害源的矿井直流电法精细探查技术的研究，需要降低体积效应，校正全空间电场分布与巷道空间的影响；基于已有地电场阵列测试技术，研究深部全空间电法精细成像技术和灾害源识别方法；除电阻率参数以外，研究其他地电场参数对深部渗流场、裂隙场及其灾变的响应规律，以此提出基于地电场的矿井灾害实时预警方法；在矿井应用方面，提高观测系统的抗干扰能力，如改进电极电化学性能，解决电极与岩层的耦合问题等。

5.5.3　针对灾害源的矿井瞬变电磁精细探查技术

研究针对灾害源的深部矿井瞬变电磁精细探查技术，提高感应场的纵向分辨率、消除盲区、剔除干扰是目前矿井瞬变电磁需解决的突出问题。目前，在多匝小回线的关断效应、暂态过程、一次场消除、全程全空间视电阻率计算、拟地面大地电磁反演、拟地震处理解释等方面成为研究热点。

物理模拟方面，需对真实地层结构、复杂异常体特征以及巷道金属体干扰特征进行有效模拟，完成对强干扰条件下各向异性介质中瞬变电磁场全空间效应的研究；数值模拟方面，在考虑关断效应、巷道空间影响的条件下建立数值模型，并提升算法的稳定性、精确性和时效性；在硬件研发方面，基于小功率、小线圈、大测深等技术要求，优化仪器对异常体的分辨能力、抗干扰能力及关断时间影响等，并掌握收-发线圈的匹配准则、线圈匝数对数据的影响规律；在矿井应用方面，重视观测系统的优化和干扰因素的控制及消除。

5.6 基于巷道掘进、钻探工艺的矿井物探新方法研究

在新的矿山开采形势下，矿井物探在技术和方法上需要创新。利用岩巷等巷道空间、水文钻孔等钻孔空间，开展孔中物探、跨孔物探和孔巷联合物探，可识别巷道前方及周边的地质异常，精细查明岩层小构造及其物性特征。如研究深部全空间随钻地震勘探技术、深部全空间地电场监测技术和孔中瞬变电磁技术；研究针对每种物探方法的巷道与钻孔空间的组合观测系统等。充分利用巷、孔空间，对于矿井物探技术的提升具有现实意义。

参 考 文 献

[1] 刘光鼎. 中国金属矿的地质与地球物理勘查 [M]. 北京：科学出版社，2013.

[2] 靳力，蔡佳作，彭明涛，等. 重力勘探在四川某铜矿勘查中的应用 [J]. 价值工程，2014，33（27）：304-306.

[3] 曾华霖. 重力场与重力勘探 [M]. 北京：地质出版社，2005.

[4] 周坚鑫，刘浩军，王守坦，等. 国外航空重力测量在地学中的应用 [J]. 物探与化探，2004（2）：119-122.

[5] 成联正，张川，王赟. 金属矿探测的航空物探发展现状 [J]. 矿物学报，2011，31（S1）：941-942.

[6] 于昌明. CSAMT方法在寻找隐伏金矿中的应用 [J]. 地球物理学报，1998（1）：133-138.

[7] 童纯菡，李巨初. 地气测量寻找深部隐伏金矿及其机理研究 [J]. 地球物理学报，1999（1）：135-142，145-146.

[8] 滕吉文，杨立强，姚敬全，等. 金属矿产资源的深部找矿、勘探与成矿的深层动力过程 [J]. 地球物理学进展，2007（2）：317-334.

[9] 滕吉文，杨立强，刘宏臣，等. 岩石圈内部第二深度空间金属矿产资源形成与集聚的深层动力学响应 [J]. 地球物理学报，2009，52（7）：1734-1756.

[10] 姚长利，郑元满，张聿文. 重磁异常三维物性反演随机子域法方法技术 [J]. 地球物理学报，2007（5）：1576-1583.

[11] 赵国泽，陈小斌，汤吉. 中国地球电磁法新进展和发展趋势 [J]. 地球物理学进展，2007（4）：1171-1180.

[12] 于鹏，戴明刚，王家林，等. 密度和速度随机分布共网格模型的重力与地震联合反演

［J］. 地球物理学报，2008（3）：845-852.

［13］严加永，滕吉文，吕庆田. 深部金属矿产资源地球物理勘查与应用［J］. 地球物理学进展，2008（3）：871-891.

［14］徐亚，郝天珧，黄松，等. 渤海湾地区壳幔结构重磁综合研究［J］. 地球物理学报，2011，54（12）：3344-3351.

［15］阎昆，杨崇科，杨延伟. 简析深部金属矿勘查中常用物探方法［J］. 河南科技，2014（5）：39.

［16］王培建，龚育龄，李晓禄，等. 已知矿床不同高度航磁 ΔT 特征分析［J］. 能源与节能，2013（2）：24-26.

［17］姚卓森，秦克章. 造山带中岩浆铜镍硫化物矿床的地球物理勘探：现状、问题与展望［J］. 地球物理学进展，2014，29（6）：2800-2817.

［18］叶益信，邓居智，李曼，等. 电磁法在深部找矿中的应用现状及展望［J］. 地球物理学进展，2011，26（1）：327-334.

［19］刘国栋. 矿产资源调查的物探方法和仪器设备［J］. 物探与化探，2007（S1）：35-40，52.

［20］曹新志，张旺生，孙华山. 我国深部找矿研究进展综述［J］. 地质科技情报，2009，28（2）：104-109.

［21］袁桂琴，李飞，郑红闪，等. 深部金属矿勘查中常用物探方法与应用效果［J］. 物探化探计算技术，2010，32（5）：495-499，455.

［22］Flores C，José M R，Vega M. On the estimation of the maximum depth of investigation of transient electromagnetic soundings：the case of the Vizcaino transect，Mexico［J］. Geofísica Internacional，2013，52（2）：159-172.

［23］智超，张玉成，陈玉峰，等. 深部找矿研究进展综述［J］. 地质学刊，2014，38（4）：657-669.

［24］韩自豪，魏文博，张文波. 华北煤田瞬变电磁勘探深度研究［J］. 地球物理学进展，2008（1）：237-241.

［25］杨玉蕊，张义平，缪玉松，等. 高密度电法中勘探线长度与测深关系浅析［J］. 中国煤炭地质，2012，24（6）：63-67.

［26］熊盛青. 发展中国航空物探技术有关问题的思考［J］. 中国地质，2009，36（6）：1366-1374.

［27］李怀渊，张景训，江民忠，等. 航空瞬变电磁法系统 VTEM～（plus）的应用效果［J］. 物探与化探，2016，40（2）：360-364.

［28］郭良德. 澳大利亚航空物探［J］. 中国地质，2000（7）：42-44.

［29］王卫平，周锡华，范正国，等. 吊舱式直升机航空电磁技术示范应用［J］. 中国地质调查，2015，2（5）：1-7.

［30］王卫平，王守坦. 直升机频率域航空电磁系统在均匀半空间上方的电磁响应特征与探测深度［J］. 地球学报，2003（3）：285-288.

［31］Steuer A，Siemon B，Auken E. A comparison of helicopter-borne electromagnetics in frequency- and time-domain at the Cuxhaven valley in Northern Germany［J］. Journal of Applied

Geophysics，2007，67（3）：194-205.

［32］赵丛，朱琳，李怀渊，等．航空和地面天然场电磁法联合开展深部矿产资源勘探［J］．物探与化探，2016，40（2）：333-341.

［33］岩土网．地球物理勘探技术首获国家技术发明奖一等奖三维探测透视地下复杂场景［EB/OL］．（2019-01-18）．https：//mp. weixin. qq. com/s/WligN3BtcznEpNooShW99Q.

［34］朱卫平，刘诗华，朱宏伟，等．常用地球物理方法勘探深度研究［J］．地球物理学进展，2017，32（6）：2608-2618.

［35］采矿技术探索．地下矿山未来科技-你知道无人机还能井下测绘，3D 建模？［EB/OL］．（2020-04-13）．https：//mp. weixin. qq. com/s/kuG-BM3XNBMpuzV4Y_ 1u3g.

［36］冯宏．采区水文地质条件探查的地球物理探测技术［C］.//地下工程中的地球物理探测技术研讨会．中国地球物理学会/陕西省地球物理学会，2007：107-118.

［37］Ljunggren C，Chang Y，Janson T，et al. An overview of rock stress measurement methods［J］. International Journal of Rock Mechanics and Mining Sciences，2003，40（7/8）：975-989.

［38］郭伟杰，龚成，李晶．地应力测量方法及其需要注意的问题［J］．价值工程，2010，29（25）：136-137.

［39］葛修润，侯明勋．一种测定深部岩体地应力的新方法——钻孔局部壁面应力全解除法［J］．岩石力学与工程学报，2004（23）：3923-3927.

［40］探矿工程技术信息．深层地热开发和综合利用该分步实施了［EB/OL］．（2018-12-17）．https：//mp. weixin. qq. com/s/rG4TDPT8vayogUFd-_khNQ.

［41］武汉地大华睿地学技术有限公司．地热探测技术［J/OL］．https：//wenku. baidu. com/view/1dc803c6e87101f69f31954a.

6 矿山地质灾害智能识别与精准控制技术

目前，我国80%以上的重特大事故存在地质情况不清、灾害升级、威胁不明、安全投入欠账、人才匮乏严重、现场管理不到位等重大问题。矿山动力灾害是复杂非线性问题，涉及多场耦合、矿岩破坏、过程瞬态、动力响应等多个方面，机理尚不清楚，监控预警还没有解决，缺乏专业技术装备，灾后应急救援效率低。因此，有必要提升防治技术与装备，进行隐蔽致灾因素动态智能综合探测，开展基于大数据的矿山重大灾害预警平台及新技术研究。

常见的金属矿山深部地质灾害包括冒顶片帮、突水突泥、井下热害、岩爆、矿震等。

冒顶片帮是指矿井、隧道、涵洞开挖、衬砌过程中因开挖或支护不当，顶部或侧壁大面积垮塌造成损害的事故。矿井作业面、巷道侧壁在矿山压力的作用下变形破坏而脱落的现象称为片帮，顶部垮落称为冒顶，二者常同时发生，统称为冒顶片帮。

突水是最常见的金属矿山地质灾害，突发性强、规模大，后果严重，特别是在生产过程中常因对矿坑涌水量估计不足，采掘过程中打穿老窿，贯穿透水断层，骤遇蓄水溶洞或暗河，导致地下水或地面水大量涌入。突泥是常与矿坑突水相伴而生的灾害。溶洞中充填的泥沙和岩屑伴随地下水一起涌入，另外，一些透水断层和地裂缝也常会使浅部第四纪沉积物随下漏的地表径流涌入坑内。其结果是使坑道被泥沙阻塞，机器、人员被泥沙所埋，严重时甚至会使矿山遭受毁灭性的打击。

井下热害指矿井内的环境气温超过人体正常热平衡所能忍受的温度，导致工人的劳动效率降低，健康受损，甚至中暑休克，事故发生频率增加。

岩爆是指矿坑周边和顶底板围岩，在强大的应力作用下被强烈压缩，一旦因采掘挖空而出现自由面，即有可能产生岩石地应力的骤然释放，导致矿岩大量破裂成碎块，并向坑内大量喷射、爆散，给矿山带来危害和灾难。

矿震是指由采矿活动诱发的地震，震源浅、危害大，小震级的矿震即可导致井下和地表的严重破坏。

这些灾害对矿山企业和人民的生命财产造成了重大损失，必须尽早识别和控制。

6.1 冒顶片帮的识别与监控

在地下矿山生产过程中发生的各类事故中，冒顶片帮事故发生率最高，且难以预防，因此一直是困扰地下矿山生产安全的一个难题。对于地下矿山，冒顶片帮多发生于巷道或采场，虽然非煤地下矿山有各种开采方法和工艺，但是采用浅孔凿岩机，人员需要长时间处在采场暴露面积下进行凿岩和出矿的全面法、房柱采矿法、留矿法等浅采采场是冒顶片帮事故发生率最高的地方。它不仅会影响矿山的正常生产，损坏生产设备，阻碍生产进度，还会危害井下作业工人的生命安全，造成恶劣的影响。

6.1.1 冒顶片帮监测

在上向分层充填采矿法采场回采过程中，采场顶板处于悬空状态，在覆盖岩层自重和地应力场的联合作用下，使顶板岩体产生位移和较大的拉应力，当拉应力达到岩体极限时，就会使顶板岩体产生破坏甚至大量冒落。尤其是在上向分层充填法采场，人员和设备均在直接顶板暴露面下作业，对顶板暴露面稳定和安全性的要求更高。因此，为了保证采场暴露顶板的稳定和工作面作业的安全，除设计合理的采场结构和参数外，对于不断上采顶板实行有效监测尤为重要。

根据现代岩体力学理论，岩体由于采矿而暴露后，其原始应力平衡被打破，将重新发生应力分配，直至找到新的应力平衡。同时，在应力重新分配的过程中，临空面岩体将产生位移，并在岩体表面产生拉应力，当位移达到岩体的极限值时，表面岩体的拉应力也同时达到极限值，此时岩体将产生破坏，发生掉块或冒顶事件，同时伴随岩体破坏向四周发出声波，而极限位移值的大小与岩体的性质直接相关。因此，在采场顶板管理中，只要及时监测和掌握顶板下沉变形而产生的位移和岩体破坏过程中发出声波的强度和频率，就能有效掌握顶板的受力和稳定状态，采取应急措施并提供安全保障。

顶板下沉位移监测常采用顶板沉降观测、顶底板收敛观测和顶板离层观测三种方法。顶板离层观测是在顶板岩体内安装位移计，将位移计的导线引到相对安全的地点，采用读数仪定期进行观测记录，通过对历次观测结果及其变化趋势进行分析，掌握顶板岩体允许暴露的时间，进而指导实际生产。

此外，在岩体逐步产生破坏释放能量的过程中，部分能量同时以声波的形式向四周传播，其波幅和频率与破坏过程的发展阶段和岩体性质密切相关，一般岩体破坏前的声发射频率为 $10\sim20$ 次/分钟。因此，通过用高度精密仪器接收"岩音"信号，加上智能化处理器的分析工作，评价当前岩体的稳定性，同时预报岩体中某一部位发生岩石冒落的大体时间。智能声波监测多用仪常用来监测采场顶板、采空区冒顶及矿柱受载荷作用下贮存的能量释放情况[1-2]。

6.1.2 冒顶片帮控制技术

矿山的顶板岩体冒落事故，依其冒顶片帮的范围和伤亡人数，一般可分为大冒顶、局部冒顶、松石冒落三种。大冒顶通常发生在属沉岩矿种开采的矿山，冶金矿山较少发生。局部冒顶和松石冒落，统称冒顶事故。冒顶事故多发生在以下几种情况：

（1）在顶板比较破碎的工作面；

（2）在岩层层理、节理、断层比较发育易离层的工作面；

（3）在矿井、超深矿井、爆破通风后排除工作不当的工作面。

冒顶事故的发生，一般与矿山的地质条件、生产技术和组织管理等多方面因素有关。根据事故分类统计资料，属于生产组织管理方面的原因占 45.6%，属于物质技术方面的原因占 44.2%，属于冒险作业等因素引起的事故仅占 10.2%。

常用的预防冒顶事故的措施主要为：

（1）及时调整采矿工艺，保证合理的暴露空间和回采顺序，有效控制地压。加强矿井地质工作和采矿方法的实验研究，对原设计的采矿方法不断进行改进，找出适合本矿山不同地质条件下的高效安全的采矿方法，加大采矿强度，及时处理采空区。要控制好采场顶板的稳定性，必须要有一个合理的开采顺序，因此要合理确定相邻两组矿脉的回采顺序；要根据不同的地质条件和采矿方法，严格控制采场暴露面积和采空区高度等技术指标，使采场在地压稳定期间采完。

（2）加强顶板的检查、观测和处理，提高顶板的稳定性。

顶板松石冒落往往是造成人员受伤的重要原因。对顶板松石的检查与处理，是一项经常性而又十分重要的工作，必须固定专人按规定的制度工作，才能确保顶板安全生产，防止松石冒落顶板事故发生。对于一些危险性较大的采场，在技术、经济允许的条件下，应尽量采用科学的方法观测顶板。目前，国内较经济简便的观测手段有光应力计、地音仪及岩移观测等。要观测摸索不同岩石岩移的规律，科学地掌握顶板情况。对于已发现的不稳定工作顶板，要及时进行处理，并尽可能采用科学有效的措施（如喷锚支护等）防止冒顶事故发生。

（3）科学合理地布置巷道及采场的位置、规格、形状和结构。避免在地质构造线附近布置井巷工程，因为垂直于地质构造线方向的压力最大，是岩体产生变化和破裂的主要因素。

避免在断层、节理、层里破碎带、泥化夹层等地质构造软弱面附近布置井巷工程。因为在这些地方布置的工程更易产生冒顶。如井巷工程必须通过这些地带，则应采取相应的支护措施或特殊的施工方案。

井巷、采场的形状和结构要尽量符合围岩应力分布要求。因此，井巷和采场的顶板应尽量采用拱形。因为围岩的次生应力不仅与原岩应力和侧压系数有关，而且还与巷道形状有关。当采用拱形形状时，施工难度不大且顶板压力不会太集中，顶板稳定性较好。

（4）加强顶板管理，提高顶板管理的技术水平。

1）加强安全教育和安全技术知识的培训工作，提高各级安全管理人员的技术水平，树立"安全第一"的思想，遵章守纪，建立群查、群防、群治的顶板管理制度。在各工作面备有专用撬棍，设立专人或兼管人员具体负责各工作面的排险工作，设立警告标志，做好交接班制度和列为重点危险源点管理等。

2）结合矿山实际，总结顶板管理的经验教训，从地质资料的提供、井巷设计、井巷维护技术、施工管理，制订出一套完整的井巷施工顶板管理标准，为科学有效地管理顶板提供技术支持[3]。

6.2　突水智能识别与监控

突水是指大量地下水突然集中涌入井巷的现象。矿井突水是矿山生产过程中最具威胁的灾害之一，人员伤亡大，经济损失列于矿山三大事故的榜首。对国家财产和人民生命造成了严重威胁，预防矿井水害事故发生是矿山安全生产工作的重中之重。矿井水害防治工作依然任重而道远，防治水技术面临新问题和新挑战。分析矿山水害防治技术现状，研究解决面临的新问题，对于实现技术突破和产业转型升级，乃至进一步做好防治水工作，大幅度减少水害事故具有重大的现实意义。

6.2.1　金属矿突水智能识别技术

金属矿山地下水灾害预防技术包括探测、监测、预测技术三个方面。

6.2.1.1　矿山地下水灾害探测技术

金属矿山地下水灾害探测技术用于对突水通道及水源的探测，主要手段包括物探、钻探、化探和试验。

A　突水水源探测

目前常用的突水水源识别方法主要有水化学分析方法、数学理论分析法、GIS理论分析法和可拓识别方法。

水化学分析方法多用来判别含水层水质特征差异较大，水源单一的突水水源。但如果当矿区存在多个含水层，且各含水层存在水力联系，地下水质发生混合；或者矿井存在多个充水水源的时候，利用单一的水化学方法判别水源就变得很困难。在该种情况下，结合相关数学理论分析来判断突水水源，会有较好的效果。

利用突水资料，根据水文地球化学信息来判别水源，其判别方法有 Piper 三线图法、不同标型组分含量相关系数法、单个标型组分含量值域法、多元统计分析法、人工示踪法、Q 型群分析法、同位素法、模糊综合评判法、灰色关联度评价法、灰色聚类法、人工神经网络识别技术、灰色权距分析法、Fuzzy-Grey 决策法、多类函数类函数和环境同位素法。

B 突水通道探测

依靠单一的探测手段难以准确探测突涌水通道，因此应根据地质、水文条件在宏观上圈出可能的通道范围，然后利用三维地震、电磁法、化探、防水试验、水质分析、钻探等综合勘探手段，逐步缩小异常区范围，最终实现对涌水通道的探测。李利平对比了地质雷达、红外线技术、瞬变电磁法、激发激化法等探测方法对涌水通道进行探测的优缺点，认为应根据水文地质环境、地形地貌特征和岩溶发育特征等因素采用多种方法综合对涌水通道进行探测。

6.2.1.2 矿山地下水灾害监测、预测技术

矿井涌水的监测主要是地表布设的地下水监测网、雨量监测站点及地表水监测站点，井下涌水监测点和地下水监测与预警系统的开发。地下水监测的重点是矿区主要含水层的水位变化及水质。地表水监测的重点是与主要含水层有水力联系的地表水体的水位及水量变化情况。井下涌水重点监测矿井生产用水量、矿井涌水量、矿井排水量变化以及工作面涌水的水量和水质。

在地下水监测与预警系统的开发方面，王宁涛等[4]利用 GPRS 无线通信网络和基于 Visual C++、VBA 及 SQL Server 2000 的计算机编程技术，开发了一套矿区地下水监测与预警系统，对矿区水位突变进行监测。刘盛东等[5]通过建立渗流-电测模型，在渗流过程中采用网络并行电法仪进行了时空域地电场参数试验，取得了渗流中地电场参数的空间瞬态响应，并进行了地质体渗流规律的研究。李贵炳等[6]对比分析了矿山地质条件与隧道地质条件的相似性，对 TSP 技术在矿山水害预警预报中的应用进行了探讨。张海龙等[7]应用物联网技术，建立了一套软硬件结合的涌水量自动监测报警与智能识别系统，有效监测了井下突水事故的发生。丁雷等[8]以矿山水文地质工程地质为基础信息，运用地球科学技术和计算机技术，利用 GIS 强大的空间分析处理功能，采用 VB+Arcgis 的开发模式建立了矿山水害预警系统。闫鹏程等[9]针对传统水化学方法水源识别耗时较长的问题，提出了一种基于激光诱导荧光光谱（LIF）技术与簇类的独立软模式（SIMCA）算法的矿山突水水源快速识别方法。靳德武等[10]以底板"下三带"理论为基础，提出了集多频连续电法充水水源监测、"井—地—孔"联合微震采动底板破坏带监测以及监测大数据智能预警为一体的底板突水三维监测与智能预警技术。

目前对矿井涌水量进行预测的方法主要有解析法、水均衡法及数值模拟法。在工程实践中，应用较为广泛的涌水量预测方法是由 Harr（1962）[11]、

Goodman（1965）[12]及 Fernandez（1995）[13]提出的方法，该方法利用巷道镜像法近似计算得到矿进涌水量。该法假设巷道周围介质为均质、各向同性的介质，且初始水位稳定不变。但由于实际情况很难达到这一假设，因此利用该法预测的涌水量值并不是很准确。涌水量的计算主要受到含水介质中显著的地质体、地下水位降深、不准确的水力传导系数及由于开挖导致的渗透性减少的影响。Perrochet等[14]建立了一个解析模型来预测在非均质结构中、非稳定流状况下涌水量的大小。解析模型计算迅速有效，但在非均质裂隙岩体中却不是很准确。为解决这个问题，Heuer 提出了一个半经验方法。该法在 Goodman 模型中引入一个 Heuer's 经验修正指数（1/8）来校正由介质的非均质性带来的影响。此外，刘志祥等[15]提出了一种将主成分分析法（PCA）、遗传算法（GA）与极限学习机（ELM）相结合的矿井涌水量预测新方法。贾伦[16]采用时间序列分析中的自回归移动平均（ARIMA）模型，对矿井涌水量进行了预测。傅耀军等[17]提出了一种基于矿井地下水含水系统的矿井涌水量预测方法，即释水-断面流法。

6.2.2 矿山突水控制技术

疏水降压和注浆堵水是矿山水害防治的两大重要工程措施。

疏水降压技术可根据不同的水害类型和疏降目的采取针对性的方式和类型。焦志彬[18]指出设计疏放孔位置及数量时应主要考虑岩溶发育情况、含水层开采影响半径、隔水层厚度及地温梯度等。李海燕等[19]为确定合理的疏水降压值，基于 COMSOL 有限元分析，建立了渗流场-应力场耦合模型并进行了数值试验，通过模拟不同降压值情况下孔隙水压力以及围岩应力、位移的相应变化，确定了优选最佳疏水降压值。吴启涛等[20]利用非稳定流理论和井群干扰理论对采区底板的疏降效果进行了预测，通过合理布置钻孔对底板太灰水压进行了疏降。

注浆封堵技术不但在工艺上有大的进步，如立体注浆技术、导流、引流注浆技术等。同时，一些封堵效果好、成本低廉的注浆新材料也相继推出，如水泥-黏土浆、粉煤灰浆等。孙国庆等[21]应用普通水泥浆、普通水泥-水玻璃双液浆、超细水泥浆、超细水泥-水玻璃双液浆和 TGRM 浆注浆材料组合体系攻克了高压（水压力为 3.5 MPa）动水粉细砂层充填型溶洞、游泥质充填型溶洞注浆加固的技术难题。林东才等[22]采用高分子化学材料马丽散 N 注浆封堵涌水，制订了注浆钻孔布置与施工工艺，其注浆封堵效果稳定，能有效防治复杂水文地质条件下深厚表土层立井壁破裂。刘广步等[23]针对吴庄铁矿矿体围岩裂隙岩溶发育、富水性强，在开采过程中，巷道内地下水涌入量不断增大，出现突水灾害的问题，采用帷幕注浆堵水来保障矿山的安全生产。刘波[24]针对某金属矿山立井井筒施工过程中，遇到流量、水压均较大的集中出水点，试验了在静水表面下抛石、注浆，成功实施了井筒下端集中出水点的封堵技术。胥洪彬[25]对岩溶管道型涌水水力特征及注浆封堵机理进行了研究。张江利[26]针对某矿构造破碎区巷道围岩变形、喷浆层开裂、顶板淋水的问题，提出了该巷道淋水封堵原则，采用了"先帮后顶，帮部由下向上，顶板先两侧后中间"的累积注浆施工工艺。

除以上水害防治技术外，水害较大的矿区都因地制宜地采用了井下放水、留设各种防水岩柱、修筑放水闸门等安全技术。如施龙青、唐东旗、刘衍高通过相似模拟和数值模拟计算了留设的岩柱合理宽度[27-29]。贾剑青等[30]对急倾斜工作面防水岩柱留设进行了研究。蒋复量等[31]建立了导水裂隙带高度的粗糙集-神经网络预测模型，对矿山井下开采防水安全岩柱厚度进行了确定。吴浩等[32]针对三山岛金矿新立矿区海下安全开采以及减小矿产资源损失，引入等效厚度系数 n 对采场导水裂隙带高度经验公式进行了修正，运用力学解析法从强度和刚度两个方面对两种力学模型下的防水矿柱尺寸进行了分析与计算，最终确定新立矿区防水矿岩柱的高度为 54 m。

6.3　井下热害识别与防治

深部热害问题自 20 世纪 80 年代以来日益凸显，随着开采深度的增加，地下岩温越来越高。不同国家、不同地区、不同矿山或同一矿山不同开采深度，其地温梯度均有所不同，例如，南非金矿平均地温梯度是 1 ℃/83 m；印度科拉尔金矿地温梯度随着矿井深度的增加而增大，1200~1800 m 是 0.75 ℃/100 m，1800~2400 m 为 1.15 ℃/100 m，2400~3000 m 则为 1.30 ℃/100 m；俄罗斯千米深度平均地温为 30~40 ℃，个别达 47 ℃，地温升高造成井下工人注意力分散、劳动率降低，甚至无法工作。

南非是最早进行深井热害问题研究的国家，其深井开采技术一直处于全球领先地位。此外，法国、德国、美国、加拿大等自 20 世纪 40 年代就开始进行深井热害控制技术的研究。我国对矿井热害的研究始于 20 世纪 60 年代，1976 年，煤炭部对国内 102 个煤矿进行了地温监测；1989 年，我国第一部矿井地热研究专著《矿内热环境工程》出版。与其他矿业大国相比，我国对深井热害问题的研究起步较晚。

深部开采的高温问题难以通过通风降温技术解决，必须采用制冷降温技术。印度科拉尔金矿于 20 世纪 80 年代中期采深已经超过 3000 m，岩层温度超过 69 ℃，工人无法工作，采用制冷技术将冷却空气输送至井下，当时降温费用达到每吨矿石 10 美元；同时期，南非金矿采矿深度超过 4000 m，岩层温度达到近 70 ℃。1980—2005 年，制冷装机容量增长 25 倍，达到 11.25 亿千瓦·时。1980 年，南非西迪普莱韦尔斯（Western Deep Levels）金矿安装的制冷容量等于当时整个联邦德国所有矿山的制冷容量总和。南非多年统计得出了井下热环境对工人作业的影响，见表 6-1。

表 6-1 作业面气温与工伤率

作业面气温/℃	27	29	31	32
工伤率/频次·千人$^{-1}$	0	150	300	450

生产实践证明，井下气温过高时甚至会出现工人中暑死亡事故。苏联的统计资料显示，当工作面温度达到 30 ℃时，劳动效率系数为 0.8；当温度高于 30 ℃时，劳动效率系数为 0.7。可见井下热害对生产造成了极为恶劣的影响。此外，国内外矿业专家也均对深井热害产生的原因进行了深入分析，并根据矿山应用情况对深井热害的治理方案进行了总结，比较了各方案的优劣及适用条件。

6.3.1 矿井热害识别

深井热害的来源可分为相对热源和绝对热源。相对热源的散热量主要受其周围气温的影响，如地表大气、围岩散热和井下高温水散热。绝对热源的散热量基本不受气温影响，如空气自压缩产热、机电设备放热、矿石氧化放热、内燃机废气排热、爆破产热和人体散热等。围岩导热是产生热害的主要因素，相关研究表明，深井岩层放热占井下热量的 48%。其传热途径有两种：一种是通过热传导自岩体深部向井巷传热；另一种是经裂隙水借对流将热传给井巷。当围岩的原始温度高于井巷中空气温度时，围岩向井巷传热。一般来说，围岩主要以传导方式向井巷散热，当有岩体渗水时，则发生对流传热。空气自压缩产热也是导致井下热害的主要因素。空气在地面压气站加压后经井筒进入各用风点（该过程为绝热状态），其具有的重力势能转化为热能。有资料显示，空气每下降 100 m，气温升高 0.4~0.5 ℃，深井下空气自压缩产热占井下热量的 20%。供往井下的风流来自地表大气，所以地表大气温度与湿度将影响到井下的温度环境，但对于深井而言，此因素的影响程度较低。随着采矿技术的不断进步，井下大中型机械设备增多，一般认为机电设备从馈电线路上接受的电能除去做有用功的部分外，全部转化为热能散发到流经设备的风流中，所以机电设备放热也是导致热害的一个因素。此外，人体放热、爆破产热等也是深井热害的产生因素。矿石氧化放热量与矿石类型有关，如含硫较高的矿石氧化放热较多，该类矿石氧化放热成为热害的重要来源。

南非在矿内热环境问题的研究上做出了重要贡献。在 20 世纪 30 年代末 40 年代初，南非 Biccard Jappe 描述了风温解算的基本方法，这一算法即为近代矿井风温解算的最初理论。1939 年，Carslaw 用拉布拉斯变换得出围岩调热圈温度场的理论解，十年后 Van Heerden 和平松良雄等在理想条件下，分析了平巷围岩与风流间的热交换过程，得出了围岩调热圈温度场的理论解，与 Carslaw 的理论解的结果一致。在此之后，精确性较高的不稳定换热系数的计算方法和围岩与风流组成体系的传热方程式随时间变化的风流温度的近似算法由苏联学者提出。

计算机的出现为风温预测提供了一种较为便捷的方法。20 世纪 60 年代，苏联和德国学者利用数值计算方法进行了调热圈温度场的描述。矿井风温解算逐渐应用于实际生产，导热系数测定方法、潮湿巷道内的热交换规律也相继被提出。

20 世纪 70 年代，矿井风温解算理论进一步完善，工作面风温解算、降温措施等理论相继被各国学者提出。矿内热环境工程学逐渐成为一门完整的学科体系。一些关于矿内热环境的相关著作相继问世，如《通风学》和《矿内热环境调节指南》等。

20 世纪 80 年代，许多国家积极进行矿内热环境工程学科的研究建设，并取得了一定的成就。1984 年，第二届国际通风会议上发表了 61 篇论文，其中矿内热环境工程的论文占四分之一，表明了各个国家对该学科的研究工作态度。对于矿内热环境的研究也更加切合实际，逐渐朝着提高实用性的方向发展。在大家的共同努力下，矿内热环境的控制技术也达到了一个新的水平。德国和日本的制冷能力都大幅度上升，制冷系统也向着大型化方向发展。在矿井风流温度解算方面，不同的学者专家在各个方面取得了不小的成就。如日本内野利用差分法分别得出不同岩性和不同巷道断面形状两种条件下的调热圈温度场，并提出了考虑入风流温度变化与巷道潮湿有水时的风温解算方法；1983 年，一种新的求解不稳定传热系数的计算公式由 Starfield 提出，该公式具有更高的精确性[33]。

我国于 20 世纪 50 年代初开始对矿内热环境进行初步研究，起步较晚，具体研究工作包括地温考察和气象参数的观测；60 年代初，开始采用小型制冷设备进行矿井降温；70 年代，煤炭部召开了五次地温和降温工作技术座谈会，并在相关部门的协助下，有计划地对合山里兰矿、北票合吉矿和平顶山八矿等几座矿山进行了观测，统计观测数据，建立了风温解算模型；80~90 年代，随着矿内热环境研究的进展，我国矿井风温解算理论也得到了进一步的提高，一些相关专著，如《矿山地热概论》《矿内热环境工程》等逐渐问世，内容涉及地热测量、矿山热害的预防与治理等问题。1981 年，煤科抚顺分院黄翰文发表了论文《矿井风温预测的统计研究》，通过对我国煤矿矿井长期的观测数据进行数理统计来预测矿井风流温度[34]。

20 世纪 90 年代，计算机开始应用于我国矿内热环境的研究工作。刘玉顺[35]考虑矿井风流的影响因素，提出了矿井风温解算公式；赵利等[36]提出以热质交换的基本理论为基础，编制了矿井沿巷道风流温度解算的计算机程序，并建立了其数学模型；侯祺棕等[37]提出了巷道壁面潮湿条件下的计算机模拟算法和计算框图，同时研究了巷道壁面潮湿条件下井巷围岩与风流间热湿交换的数学模型。

21 世纪，随着科学技术的飞速发展，矿井风温解算技术也跨上了一个新台阶，并发展了利用 B-P 神经网络提高解算精度的风温计算方法。周西华等[38]通过分析矿井风流与巷道壁面的热交换过程，提出了不稳定对流换热系数的解析式和理论解；杨德源[39]提出了矿井风流热力计算方法；高建良等[40]分析了巷道壁有水分蒸发条件下，通风时间、围岩性质、巷道尺寸等因素对其的影响，并得出了这些因素对巷道围岩温度分布和调热圈半径的影响规律。宋怀涛[41]进行了井巷风温周期性变化下围岩温度场数值模拟及实验研究。易欣等[42]为提高井下风温预测精度，基于风温与风量之间的耦合关系，研究了矿井全风网预测方法。针对多种热源、单一巷道风温预测模型进行了分析，研究了风网中风量与风温的耦合关系及迭代解耦方法，并编制了相应的计算分析软件。之后一些学者相继发表论文研究了水分蒸发等对风温的影响和处理问题。以上为新时期矿井风流温度、湿度理论成果，这些理论为矿内热环境的预测和矿井热害的有效治理提供了科学依据。

6.3.2 矿井热害防治

根据深井热害产生的原因及热害程度的不同，热害治理措施主要有通风降温、控制热源、特殊方法降温、个体防护和人工制冷降温等。当开采深度较大或井温较高时，必须采用人工制冷降温措施。通风降温包括加大风量通风、优化通风方式和选择合理的通风系统三种途径。理论与实践均证明，增大井下风量对降低风温有明显效果，但当风量增至一定程度时，对风温的影响不大。优化通风方式主要是将上行风改为下行风，一般采用下行风可将工作面温度降低 1~2 ℃。此外，在设计通风系统时，可通过缩短进风线路长度，以低岩温巷道为进风巷，使新鲜风流避开局部热源，以及采用减少采空区漏风等措施从一定程度上避免井下温度的升高。但通风降温的效果仅仅在井下温度低于 37 ℃时较为显著，当井温更高时，其降温作用会受到限制。控制热源避免井温升高有三种方式：

（1）进行岩壁隔热，即在岩壁上喷涂隔热材料（一般为聚氨酯泡沫塑料、膨胀珍珠岩）减少围岩放热；

（2）控制热水及管道热，可以通过超前疏放热水，使其经隔热管道排至地表或经加隔热盖板的水沟流至水仓，以及将高温排水管布在回风道内；

（3）控制机械热与爆破热，增强机电硐室的通风效果，合理错开爆破时间与采矿时间。

控制热源只是治理热害的辅助手段，不是最有效的途径。特殊方法降温也是降低井温的辅助措施，如可用压气代替电作为动力来源，但因费用高而使用受限；此外，减少巷道中的湿源也可以降低井温。

个体防护措施是指让井下工人穿上特制冷却服以实现个体保护。冷却服能防止高温对身体的对流和辐射传热，也是人体产生的热能传给冷却服中的冷媒。美国宇航局研制出阿波罗冷却背心，南非加尔德-莱特公司和德国德莱格公司均研制出冰水背心和干冰背心，冰水背心质量为 5 kg，在冷却功率为 220 kW 时，冷却持续时间不低于 2.5 h。干冰冷却服的性能较冰水冷却服更优，因为干冰在升华过程中质量减小，干冰冷却服的冷却时间为 6~8 h。相关研究结果表明，工人在使用冷却服时，人体出汗率可减少 20%~35%。

人工制冷降温也称为矿井制冷空调降温，该项降温措施必须建设矿井空调系统，包括制冷站、空冷机、载冷剂管道、冷却装置、冷却水管道和高低压换热器等组成部分。以上各部分的不同组合就构成了不同的空调系统。按制冷站位置的不同，矿井空调系统分为制冷站设在地面的空调系统、地面和井下同时设制冷站的空调系统以及制冷站设在井下的空调系统。三种方式的优缺点见表 6-2。由表可知，制冷站设在地面较为合适，不仅安全经济，也可保证制冷站内新鲜空气的流通，同时有利于排除冷凝热。

表 6-2　矿井空调系统的分类比较

制冷站设置	优　点	缺　点
地面	厂房建设、设备安装便利，易管理维护； 可用一般制冷设备；冷凝热排放简单； 无须在井下凿大硐室；冷量易调节	高压冷水处理难，供冷管道长； 需在井筒安设大直径管道； 空调系统相对复杂
地面-井下联合	冷量损失少，利用一次载冷剂排出冷凝热； 可减少一次载冷剂的循环量	系统复杂； 制冷设备分散，不易管理
井下	供冷管短，冷损少；可利用回风流排热； 供冷系统简单，冷量易调节	需凿大硐室，对设备要求高； 建设安装和维护难，安全性差

对于人工制冷措施，目前国内外有两种方案：

（1）制冷站和空冷机联合利用，直接在地面形成低温风流经井筒送至用风地点；

（2）由制冷设备首先输出载冷剂，再将载冷剂送至井下，由空冷机处理后得到冷风输送至各工作面。

根据制冷设备输出载冷剂的不同分为水冷却系统和冰冷却系统。当向井下输送相同的冷量时，水的质量流量为冰的 4~5 倍，可见使用冰冷却系统时对管路、设备负荷以及系统水泵的要求均较低[43]。

依据国外深部开采经验[44]，随着采深的增加，深部高温依次通过常规通风系统、空气制冷系统、水冷却系统和冰冷却系统进行调节。

（1）当井深为 400~800 m 时，采用通风系统进行降温。通过增大风量、风速来稀释井下热量，改善人体散热条件，这是大断面巷道中常用的方法。

（2）当井深为 800~1500 m 时，仅靠通风难以达到降温要求，常采用压缩空气制冷系统进行降温，主要用于辅助工作面降温。

（3）当井深为 1500~2500 m 时，采用供水制冷系统进行降温：

1）井下分散制冷。空调地点增多，制冷机散发大量热量，既不经济也难以满足降温要求。

2）井上、井下联合制冷。目的在于改善井下冷凝温度过高的问题，采用 2 级循环输送冷水，即井筒中用高压管路，井下用低压管路，用高、低压换热器在井底车场附近连接。

3）井上集中制冷。因为地表比井下的冷凝温度低，井上预冷塔制冷效率高，并且安装、维修容易，成本也相对低。地表制冷厂出来的水一般为 2~4 ℃。

（4）当井深超过 2500 m 时，采用地表制冰系统降温。冰块破碎后通过管道输送到井下冷库内，然后通过热交换系统对空气和水进行冷却，可提高冷量输送效率，减少井下泵水量，并降低泵水成本，且降温效果显著。如南非 Mponeng 金矿利用冰的溶解热来调节作业温度。冰在地表产生然后通过竖井运输到 1800 m 的地下，并且使储存水的温度保持在 10 ℃。2000 m³ 的井下冰坝能够有效制冷井下工作环境[45]。冰水混合系统温度为 10 ℃。通过冰冷降温技术，实现了采场温度降到 28 ℃。据南非金矿的调查统计资料显示，当井下空气温度为 28 ℃时，完成生产任务率为 100%，气温升高后，完成任务率逐渐降低[46]。

（5）当开采深度超过 4000 m 以后，若继续往深部进发，一方面必须借助更先进的制冷技术进行降温；另一方面也需要缩小制冷空间，研制隔热材料与个体防护装备，从而对井下高温环境进行综合调节。深部充填将是缩小制冷空间和进行深部热隔离的有效途径之一。

6.4　岩爆的识别与防控技术

岩爆是在地应力的主导下发生的采矿动力灾害，是采矿开挖形成的扰动能量在围岩中聚集、演化和在围岩出现破裂等情况下突然释放的过程[47]。岩爆的研究历史已有大半个世纪，国内外学者提出了各种岩爆的理论和学说，但大多仍停留在探讨和经验阶段，至今没有形成对岩爆机理的准确认识和具有实用性的岩爆预测与防控技术。为了满足金属矿深部开采安全的要求，应在已有工作积累的基础上，将岩爆的研究重点从判据研究转移到预测与防控研究上来。岩爆发生必须具备两个必要条件：一是采矿岩体必须具有贮存高应变能的能力，并且在发生破坏时具有较强冲击性；二是采场围岩必须有形成高应力集中和高应变能聚集的应力环境[48]。因此，岩爆预测研究应与开采计划结合，从刚度、强度、能量、岩体损伤等多方面入手，定量分析、定性预测。对于岩爆防控，首先应改善采矿方法，优化开采布置、端面形态的方法，避免开采过程中应力过于集中，减少扰动能量聚集；其次，采用防治结合的支护方式，包括提前应力解除爆破，改善围岩的物理力学性质，喷、锚、格栅、钢架加固围岩等措施。

目前，岩爆诱发机理和预测理论的研究已经取得重要进展，但在岩爆实时监测和精准预报方面还缺乏可靠技术，准确的岩爆实时预报，特别是准确的岩爆短期和临震预报还难以做到。对此应该在超前理论预测的基础上，除了采用传统的应力、位移、三维数字图像扫描（3GSM）、声波监测、微震监测等手段外，还需进一步研究新的探测技术和方法，精准监测深部开采过程中岩体能量聚集、演化、岩体破裂、损伤和能量动力释放的过程，为岩爆的实时预测预报提供可靠依据。古德生和李夕兵[49]认为，由于岩爆发生机制与诱发因素的复杂性，岩爆显现的突发性及随机性，目前岩爆预测与控制研究还远不能满足深部资源安全开采的要求。随着对岩爆认识的深入，尽管目前还无法彻底消除岩爆灾害，但通过合理的技术手段，科学预测和防治岩爆将逐步成为可能。

6.4.1　岩爆识别方法

目前，已形成的岩爆预测理论与方法主要可分为三大类，即工程探测法、现场监测分析法、理论分析预测法。

（1）工程探测法。对于地下金属矿山而言，目前常用的工程探测方法主要包括钻探取芯分析法、钻屑法、水分法、光弹法、回弹法、电阻率法等。其中，钻探取芯分析法是在目标岩体（尤其是硬岩）区域地质勘探或者后续补充二次勘探中，采用岩芯取样机钻探取芯，若取出的岩芯呈规则饼状，则可初步判断该区域岩体具有岩爆倾向。钻屑法则是通过观察单位深度钻孔或炮眼的碎屑排屑量及相关动力现象，从而了解判断目标工程区域的应力集中状态。根据经验可知，当孔洞碎屑量达到正常值的2倍以上、岩粉颗粒变粗时，即有发生岩爆的危险。当缺乏现场观测条件时，可借鉴何满潮等开展的室内应变岩爆试验，研究试件岩爆碎屑的尺度特征，进而为岩爆过程能量变化特征和事件判别提供依据。

（2）现场监测分析法。在地下工程开挖或采场回采期间，利用各种监测仪器设备对岩爆相关指标进行现场监测，然后依据监测结果对岩爆倾向性（概率和强度）进行分析预测，并对岩爆发生地点和时间等信息进行预判，进而为岩爆防治提供支撑依据。目前最常用的监测手段包括常规监测（应力、位移等）、声发射（AE）、微震监测（MS）、电磁辐射法（EMR）、微重力法（MC）等。其中，微震监测技术是目前在地下金属矿山中应用相对广泛的方法之一，南非、加拿大、美国等国家的工程师和研究人员最先开展微震监测技术研究，并将该技术最先应用于矿山岩爆灾害的监测和预测。如加拿大安大略省是受岩爆灾害影响相对较大的区域，该地区的Creighton矿于1980年便安装了第一套MS系统；到1990年，安大略省的各矿山总共安装了16套微震系统。国内第一套微震监测系统于20世纪90年代引进，并最先应用于冬瓜山铜矿，此后近20年来，凡口铅锌矿、会泽铅锌矿等多家存在岩爆问题的矿山均建立了多通道 MS 系统。

各类监测手段的系统组成主要有三个部分，即传感器数据采集部分→数据传输与转换→数据处理分析与判断。其中，数据处理分析往往需要在软件分析结果的基础上，进行人为主观判断和预警，而监测系统建设的规模及范围往往需要根据矿山安全开采需要、矿山开拓及回采现状、采矿方法与工艺等进行确定。

（3）理论分析预测法。此类方法分析、预测的基础和数据一般来源于预测区域的岩石力学试验成果，根据已有的岩爆理论和学说，从强度、刚度、能量、稳定、断裂、损伤等方面对岩爆现象进行分析，国内外学者先后提出了 10 多种假设和判据。根据国内外研究成果和各判据指标意义分析可知，目前所提出的岩爆判据总体上包括两大类：一类是能量判据，此类判据主要采用弹性应变能、弹塑性变形能等指标，其中，最具代表性的有能量比指标判据、弹性能量指数 WET 判据、冲击能量指数判据 WCF 判据、岩石最大储存弹性应变能指标 E_s 等；另一类是应力-强度判据，此类判据主要采用切向应力、轴向应力、岩石单轴抗压强度、最大主应力等指标，其中，最具代表性的有 Russenes 判据、Hoek 判据、岩石脆性指标判据、陶振宇判据等，我国学者针对交通隧道工程提出的秦岭隧道判据、二郎山公路隧道判据等也属于此类。除此之外，还有一些较重要的判据，如临界深度判据、动态 DT 法等。

由于各判据所考虑的因素和采用的指标不同，导致不同方法的评价结果往往会出现一定甚至较大的差异，为了解决不同判据结果差异性大的问题，采用合适的科学处理方法进行综合预测分析和验证就显得尤为必要。目前常用的处理方法主要包括数学综合处理分析法（如模糊数学理论、灰色理论、人工神经网络、支持向量机、距离判别法等）、模型试验验证法、数值模拟分析验证法（如采用 FLAC3D、PFC3D、RFPA 等进行模拟验证）等。

需要注意的是，不同的判据和理论分析方法具有其最佳适用条件和范围，因此在实际工程应用中，首先可根据各地下金属矿山矿岩和工程实际选择多种适合的方法分别进行判别，然后对多方法计算结果进行综合处理分析，进而得到所需要的理论综合判别结果，且应随工程进展情况不断修正完善。

6.4.2 井巷岩爆控制技术

在目标工程区域岩爆理论预测的基础上，对于井巷工程而言，更需要重点关注掘进施工期间和施工后的工程防护技术与措施。

6.4.2.1 掘进施工期间

A 合理的工程布置、开挖方式与施工顺序

在地下金属矿山井巷工程和回采设计过程中，应尽可能避开硬度大、脆性好的岩体，选择合理的开挖方式和施工顺序，严格控制施工质量等，如采用光面爆破技术,同时遵循"短进尺、弱爆破"的基本原则,即可有效提高围岩自承能力,缓解局部应力集中和能量聚集状况,从而降低岩爆发生的概率。

B 超前卸压孔或周边爆破卸压技术

在具有岩爆倾向的岩体内掘进施工时,可选择在巷道边帮或掌子面施工轴向(或径向)超前卸压孔(孔深一般2~3 m),从而达到局部释放应力、减轻围岩应力集中程度的目的,使应力集中向围岩深部转移,同时可使围岩积聚的部分弹性应变能提前耗散,有效降低围岩发生岩爆的风险。围岩周边爆破卸压技术的实质是采用局部控制爆破的方式破碎岩体,从而达到降低应力集中程度和耗散储存的应变能的目的,此技术对于坚硬且完整性好的岩体,是一种十分有效的方式,一般可分为超前卸压爆破和保护性卸压爆破。

C 软化围岩技术

对于具有岩爆倾向的岩体工程施工,软化围岩最常用的办法就是对围岩喷洒水或者注水,这一方法简单、实用,在国内外许多矿山岩爆防治中均有应用。当岩石软化系数较小时,在工作面掘进期间,对巷道边帮进行洒水,水分渗入岩石孔隙,与岩石矿物中的离子发生作用,引起岩石软化、膨胀,使岩层强度降低,减少岩爆发生的可能性。当岩石软化系数较大时,如果常规喷水效果不理想,则可以先施工超前孔,然后向孔内压水,水的劈裂作用将使岩石微裂隙扩展,节理张开,降低围岩表面张力,围岩将会出现塑性区,从而降低岩体内储备的弹性应变能。

6.4.2.2 施工后

对于生产矿山而言,绝大部分井巷工程施工后需要常年加固、维护,尤其是岩爆频发地段,更需要采取有针对性的防护加固措施。国内外典型井巷岩爆工程防护主要措施见表6-3。分析可知,对于有岩爆倾向的地下金属矿山工程而言,不同国家所采取的防护措施的总体思路是一致的,即均由单一支护向锚—网—索—喷多方法联合支护方向发展,支护结构材料及参数、施工方法也在不断地优化、改进。

表6-3 国内外典型井巷岩爆工程防护主要措施

国家	地下金属矿山井巷岩爆工程防护主要措施
苏联	有岩爆倾向的巷道支护采用改进的普通锚喷支护、喷射钢纤维支护、柔性钢支架支护、锚喷网+柔性钢支架联合支护
美国	优化常规支护形式、加密锚杆间距、增强锚杆的强度和变形能力、改善金属网之间的搭接形式等
智利	主要采用砂浆高强变形钢筋锚杆,并配置链接式金属网,必要时喷上混凝土

国家		地下金属矿山井巷岩爆工程防护主要措施
加拿大		将岩爆倾向巷道支护设计分为三个支护强度不同的类级：（1）采用无砂浆胶结的机械式端锚锚杆，通常配以链接式网；（2）在前一种支护方式的基础上增加锚杆的密度和锚杆长度；（3）采用非加固围岩的方法，采用钢索带支护
南非		深部巷道主要采用锚杆固定支护和金属网、喷网、索带等柔性支护，以及喷射混凝土支护
中国	冬瓜山铜矿	采准巷道主要采用喷射混凝土支护、锚杆（锚索）和金属网单独或联合支护
	会泽铅锌矿	有岩爆倾向的地段主要采用钢纤维混凝土、水胀式/管缝式锚杆等加强支护

为了确保施工后工程的长期安全、稳定，合理的岩爆工程防护设计就显得尤为重要。根据国内外工程实践经验，防护设计应充分考虑岩爆的关键影响因素及引发的工程破坏形式，结合工程实际需要和不同加固技术手段的优势，遵循"主被动支护相结合、刚柔性支护相结合、单一支护向多方法协调支护转变"的基本原则，同时防护设计应依据工程进展反馈持续优化完善，另外，防护加固措施的实施应与掘进回采工艺循环满足时空协调关系。井巷岩爆工程防护设计的一般思路如图 6-1 所示。

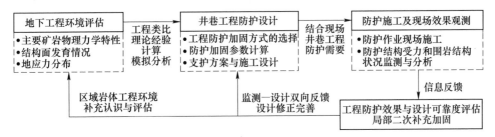

图 6-1 井巷岩爆工程防护设计的一般思路

6.4.3 采场岩爆防治技术

目前，关于采场岩爆防治方面的理论和实践尚处于探索阶段，采场岩爆的防治技术可从采矿方法与工艺、采场布置及开采顺序等方面开展工作。

（1）选择合适的采矿方法工艺及空区处理方式。对于地下金属矿山而言，除了各类井巷工程开挖扰动外，区域采场开采所带来的扰动相对更加显著，尤其是对于高应力硬岩矿山而言，会出现明显的应力转移和集中现象，从而逐渐形成岩爆的发生条件。因此，选择合适的采矿方法与工艺及空区处理方式至关重要。根据国内外岩爆发生现状的调研结果可知，大规模空场回采容易诱发岩爆灾害的发生，而充填采矿法作为目前控制岩爆等深井地压灾害的主要开采方式，尽管充填后并不能完全消除回采后局部应力集中现象，但可有效防止大规模岩爆等地压灾害的发生。

另外，当采用浅孔回采时，由于作业人员一般需要进入采场，此时对于有岩爆倾向的采场须加强支护，同时加强人员和设备的日常防护。当采用中深孔或深孔回采时，为了避免潜在的岩爆灾害给人员、设备所带来的安全威胁，应从源头对回采设计进行优化，如采用堑沟式底部结构，提高机械化、自动化作业水平，人员、设备不进入空场作业等。回采完毕后，应把握好时机，及时、有效地处理空区。

（2）确定合理的采场布置形式。合理的采场布置直接影响着回采过程中以及整个矿山回采区域的应力及位移分布。对于具有较强岩爆倾向性的矿山，若采场布置不合理，一方面容易造成大量矿石资源的损失；另一方面容易造成采场局部发生应力集中和能量聚集，从而导致采场岩爆的发生。因此在进行采场布置时，需充分考虑矿岩赋存状况、区域岩体力学特性、应力分布等情况，同时结合矿山生产实际需要及所选用的采矿方法，合理布置和划分沿走向或垂直走向的采场。

（3）设计合理的开采顺序和回采速率。开采顺序往往决定着回采区域的应力传递方式与集中程度，可在一定程度上控制采场岩爆发生的最大尺度和规模。回采速率则控制着作用于岩体结构的应力变化率，往往直接影响着正在回采区域的岩爆活动。因此，合理进行区域开采规划，控制整体区域及中段内的开采顺序与回采速率，可在一定程度上控制岩爆的孕育过程和发生概率。

（4）设计必要的采场及区域超前卸压工程及措施。采场岩爆发生的大区域高应力环境往往难以改变，但通过工程手段改善局部回采区域的应力状况，其可行性近年来在一些矿山采场岩爆等地压灾害防治工程实践中得以证实。如辽宁二道沟金矿通过深孔崩落上盘围岩，对采场进行超前卸压，取得了良好的采场岩爆防治效果；我国典型的高应力矿山金川镍矿在"十一五"期间通过技术研发开展了系列卸荷开采试验，取得了良好的卸压开采效果[50]。

6.5 矿震的识别与防控

矿山地震（以下简称"矿震"）是由人工开采矿山活动引起的地震，它是诱发地震的一种。我国矿震多见于井下开采的煤矿，所以关于煤矿矿震方面的研究比较早，而且在很多方面已取得一定的成果。但在地下金属矿山，尤其是有岩爆倾向的硬岩金属矿山，对于矿震的研究却很少。

在我国，金属矿山的矿震现象相比煤炭矿山少，因而长期以来未引起人们的重视。近年来，金属矿山的矿震现象增多，强度增大。例如，湖南涟源市的青山硫铁矿因地下采场空区过大，1996年7月1日22时57分发生了里氏2.6级的地震，导致井下采场大面积冒顶，4个采场垮塌，被迫关闭矿山，造成直接经济损失2000多万元。红透山铜矿进入深部开采后，地表时有明显震感，并伴随地下采场岩爆的发生。该矿的矿震和岩爆正困扰着矿山的正常生产，给矿山带来了很大的危害，并潜伏着发生严重灾害的隐患。

矿震主要通过现场监测来进行研究，目前常用的方法有钻屑法、电磁辐射法、声发射法、微震法等。

以钻屑法为主的局部探测法，包括岩体变形测量法（顶板动态、围岩形变）、岩体应力测量法（相对应力测量、绝对应力测量）、流动地音检测法、岩饼法等，主要用于探测采掘局部区段的矿震危险程度。通过向岩体钻小直径孔，根据钻孔过程中单位孔深排粉量的变化规律和动力现象，估算该处的应力状态，判断矿震的危险程度，达到预测矿震的目的。钻屑法简单易行、直观可靠，在矿震预测中发挥了很大作用。但其缺点是不能对目前日益增多的顶底板矿震和强度高的断层矿震进行预测；监测需占用作业时间和空间，工程量大，作业时间长、效率低，对生产有一定的影响，准确性也不是很高，在很大程度上取决于钻孔布置及预测时刻在空间和时间上的代表性；监测结果易受人工及岩体的结构、应力分布不均匀和不稳定的影响，仅可作为一种辅助的预测手段。

电磁辐射法、声发射法、微震法都是动态无损监测方法，通过连续监测记录煤岩体内出现的动力现象来预测矿震的危险程度。其所依据的基本原理是岩体结构的危险破坏过程，是以超前出现的一系列物理现象为信息的。这些物理现象的出现被视为动力破坏的前兆。

岩体电磁辐射（electric magnetic radiation）是岩体受载变形破裂过程中向外辐射电磁能量的一种现象。因此，可采用电磁辐射技术来监测、预测矿震危险。电磁辐射监测一般采取均匀布点方式对重点矿震危险区进行监测，测点间距为10 m，每点监测2 min。电磁辐射监测的有效距离为7~22 m。电磁辐射法具有可实现非接触、区域性、定向连续动态监测，可节省大量的钻探工程量，对生产影响小和不受岩体在空间上分布不均匀、时间上不稳定的影响等优点。但其缺点为电磁辐射仪的有效测试范围小，有效监测距离短，只能监测局部的工作面，而不能监测整个矿区；仪器需要定时充电，以维持正常工作，使得监测时间较短、工作烦琐；监测时需令距离测试地点5 m以内的工作机械停止工作。刘立春等[51]采用电磁辐射仪对某矿井工作面的多个测点进行了测试，结果表明，电磁辐射与应力成正对应关系，特别是对重力型、构造型矿震反应灵敏，电磁辐射仪预测预报矿震准确率较高，可以监测应力集中带的变化以及断层的活跃程度。宋杰等[52]通过研究改进PSO-BP模型的电磁辐射法对矿震的倾向性进行了预测。

岩体在受载破坏过程中以弹性波或应力波的形式释放应变能的现象，称为声发射（acoustic emission，AE）现象。用仪器检测、分析和利用声发射信号推断声发射源的技术称为声发射技术。声发射现象早在 20 世纪 30 年代就被美国矿山局的阿尔伯特（Obert）所发现，并把声发射技术应用到矿山煤柱岩体稳定性和矿震的监测预报中。我国将声发射技术用于矿震监测、预测的研究始于"七五"期间。此方法灵敏度高，能应用多种定位方法，定位精度高，对确定矿震震源位置、划定矿震危险区域十分有利。

微震监测法是通过对微震信号的分析，得到矿震发生的时刻、震源位置和震级大小，进而大大缩小防治的范围，能够节省大量的人力、物力。其原理为：井下岩体是一种应力介质，当其受力变形破坏时，将伴随着能量的释放过程，微震是这种释放过程的物理效应之一。因此，微震的强度和频度在一定程度上反映了岩体的应力状态和释放变形能的速度。微震法具有远距离、全矿区域、动态、三维、实时监测的特点，实现了矿震监测在空间和时间上的连续性。站台位置固定，传感器无须随工作面推进。并且随着三分向加速度传感器、先进的电子计算机和网络等的应用，已经使得微震监测定位系统具有噪声低、响应快、监测结果易于理解、操作简便等特点，达到了智能化、自动化、可视化和网络化，目前广泛应用于矿山。

6.6 灾害智能识别与精准控制趋势

深部开采灾害频发，如高能级岩爆与矿震、顶板大面积来压与冒落、突水，与浅部资源开采相比，更加错综复杂，机理不清，难以预测和有效控制。众所周知，高地应力、高地温、高岩溶水压是深部岩体典型的"三高"赋存环境。"三高"特征为深部岩体的本真属性，大规模的开采活动还会衍生强扰动和强时效的附加属性。深部岩体的本真属性及深部开采的附加属性是深部开采灾害频发的根本原因。

深部高应力环境是深部资源开采工程灾害的决定性因素。资源开采位于中浅部时，低地应力水平下岩体自身结构可以满足作业空间的稳定性；即使在超过岩体弹性极限时出现了大变形、片帮及弱冲击，相对而言，围岩结构是相对稳定的，目前已有的支护理论、防治措施是有效的。资源开采进入 1000 m 深部以后，重力引起的垂直原岩应力及地质构造运动产生的构造应力基本已经超过工程岩体的抗压水平，工程开挖尤其是大规模的开采活动所导致的应力集中水平更是远超工程岩体的抗压水平，如根据南非地应力测定结果，1000~5000 m 深度地应力达到 50~135 MPa。在高地应力水平下，深部岩体变形能高度积聚，动力灾害等安全事故更加频繁、更加凸显。

高地温、高岩溶水压加剧了深部工程灾害频发的可能性。深部开采随着深度的延伸，地温梯度一般为 30~50 ℃/km，千米深部岩温超过 40 ℃。高地温环境逐渐形成，将对深部岩体的力学特性、变形性质产生显著的影响，特别是高地压和高温下岩体的流变特性和塑性失稳与常规环境下具有巨大差别，这也是深部灾害发生的重要影响之一。此外，进入深部以后，地应力水平的增加及地温水平的升高将伴随着岩溶水压的升高，在深部资源开采埋深大于 1000 m 时，其岩溶水压将达到 10 MPa，高岩溶压力环境同样将影响深部岩体的受力状态，极可能驱动裂隙扩展，导致深井突水事故等重大工程灾害的发生。

6.6.1 矿山动力灾害

深部工程强扰动、强时效的共性特征提高了灾害的量级和预测的难度。深部大规模开采将导致强烈的扰动，深部岩体不仅需要承受高地应力，还需承受高强度的应力集中，在高应力、高地温、高岩溶水压作用下，强扰动将导致深部岩体突发性的、无前兆的破坏特性，这种强扰动下的动力响应突变性往往表现为大范围的失稳和坍塌。此外，深部岩体强扰动作用之后，其变形破坏特征和规律具有强烈的时间效应，围岩的大变形、强流变性均与该强时效性有着密切的联系。

深部岩体所赋存的地质条件复杂，传统基于线弹性的地应力测量理论与方法在探查深部地应力场时存在较大误差，无法适应深部岩体力学研究的发展和满足深地探测的需求。此外，深部开采是一种高度非线性状态下强烈、瞬时的动态失稳过程，其动力灾害的主要表现形式将明显区别于浅部状态。因此，应该充分考虑深部岩体所赋存的复杂地质条件，深入探索随深度增加地应力场的分布规律及矿区三维地应力场的反演算法，从而建立深部地应力场形成演化的重构模型，探明地应力场与能量场之间的转化机制，揭示开采扰动的动力学过程和能量场演化规律，为岩爆的实时预测预报提供依据，主要包括：

（1）深部开采扰动能量在岩体中聚集和演化的动力学过程与规律。针对深部矿山高地应力、高地温、高渗透压、强开挖扰动等特性对能量场孕育过程和聚集条件的影响开展研究，分析并确定不同地质条件及不同工程环境下的能量场分布特性，探索地应力场与能量场之间的转化机制，揭示开采扰动的动力学过程和能量场演化规律，建立开采扰动能量场的时空四维动态分布模型。

（2）深部开采动力灾害诱发机理及其预测与防控技术体系研究。基于岩爆的发展趋势和震级开展预测分析，实现采矿过程中岩爆的超前理论预测；探索对开采扰动能量聚集、演化和释放动力过程进行测量的方法，实现岩爆的实时预测预报；以减小开采扰动能量的聚集和控制高能量的突然释放为主线，制订岩爆的科学防控措施；研究建立能吸收开采扰动能量、抗冲击的主动支护措施等防控技术体系。

（3）深部高地应力采动岩层结构大变形与破裂过程的多尺度立体监测技术。

考虑深部硬岩"初始高地应力+采动应力"的复杂应力环境,以及硬岩变形与破裂的时效发展特点,建立变形与破坏协调的立体监测技术体系:开展深部地层采动变形与破坏的综合监测技术体系及其孕育规律研究;提出岩体内部采动应力的实时感知技术;建立采动破裂岩体三维变形特性的表征方法;建立采动破裂岩体时效损伤性状的表征方法。

(4)高应力岩体变形与破坏灾害的远程安全预警技术。考虑采动地层的应力与能量集中是导致深部工程岩层结构大变形和破裂并诱发围岩失稳灾害的关键因素,深入研究灾害孕育的过程监测和安全预警以及工程控制效果动态评估方法:建立基于"变形+应力+微破裂"集成的采动地压和破坏灾害源定位预警技术;开发岩层采动诱发灾害风险的远程动态预警软件系统;提出基于变形与破裂信息的支护效果反馈评估方法。

(5)岩石动力灾害及地震的长时精微观测与声磁联合预测预报。我国目前建设了覆岩埋深达2400 m的世界最深的锦屏地下实验室(CJPL),用于开展暗物质研究。同样,锦屏极深地下实验室高地应力原位环境与"干净"的声磁辐射实验环境使得人们能够对深部岩体中的动力响应展开长效的精微化观测,这对于极深岩体力学重大科学问题研究具有开创性意义。由于不受地球表面太阳黑子影响,地球内部磁场是相对稳定的。岩石矿物一般具有磁性,深部的高温高压扰动将加速电子外逸产生磁场变化,而岩体破裂与岩层滑移还将产生明显的声波信号,因此基于极深地下实验室开展的岩体内部声磁联合预测可能给深部资源开发中的动力灾害乃至地震的预测预报带来新进展。

6.6.2 突水

矿山地质安全保障系统应包括两大部分,即生产地质保障子系统和安全地质保障子系统。无论是矿井生产还是安全,基础地质保障系统都是先决条件。基础地质保障是一个宏大的系统工程,主要包括水文地质调查与勘探、水情与水害的预测预报、地质构造特别是隐蔽性致灾地质构造和充水含水层富水性的高精度精细综合探测定位技术与装备、矿井水害快速有效治理和抢险救援的钻探施工技术与装备、矿井充水水文地质条件和采动效应的动态监测与预警等内容,它们是一个有机结合的整体,需要根据大系统工程理论和方法开展研究,是保障矿山安全生产的重大基础科学问题。

因此,进行充水水文地质条件补充勘探,深部岩溶水补、径、排特征和底板岩溶水突出机理,采动岩体裂隙动态演化规律,深部矿井突水动力灾害致灾机理和触发条件,经济技术可行的深部隐伏地质构造精细探测定位技术与方法,突水灾害预测预报理论和治理技术及监测监控预警方法等研究是进行突水防治的重要内容。

同时，应该研发集采动变形和突（透）水潜势监测功能于一体的矿井水害监测预警技术体系。突（透）水灾害的发生必须同时存在三个条件，即补给水源、导水通道并具有一定强度，如缺少任一条件，则突（透）水灾害都不可能发生。目前微震监测技术虽然能够对导水通道在采动变形过程中进行实时、面状、高精度定位和三维展示与分析，可以确定通道类型、通道时空位置和变形尺度等，但无法探测并判断采动过程中不断变形的通道是否充水或含水，即微震自身无法监测并预警突（透）水潜势。因为采动变形再大，如无水源补给，也不会导致突（透）水灾害。已有的突水监测系统虽然不但能够监测采动变形，而且可通过监测水压和水温来探测判断是否充水，但多参数监测系统只能进行点监测，无法覆盖整个工作面。因此，研发同时能够面状监测采动变形和充水含水两大特征的矿井水害监测预警技术体系，是今后水害监测预警领域的另一个重要研发方向。目前基于物联网式的微震与激发极化高密度电法耦合监测的矿山突（透）水监测预警方法与装备，可实现采动变形和突（透）水潜势同时面状监测预警的目标[53]。

6.6.3 热害

新形势下，多学科的融合，大量新技术、新方法的出现，给地热资源勘探与开发利用注入了新的活力。随着探测深度的不断增加，地热学的研究范畴进一步扩大，从而又给新技术、新方法、新装备的研发、应用提供了更广阔的平台，同时带来了新的挑战，这些技术的应用和发展也出现了新的发展趋势：

（1）地热地球物理勘查与解译逐步向高精度、定量化、3D 化方向发展，各类新方法逐渐应用到地热勘查中来，如利用 3D 地震解译地热地质结构、利用微震技术识别裂缝区域、利用 MT 和 TEM 方法刻画三维热结构、利用组合地球物理方法评价地热资源、利用重力与磁力数据水平进行梯度分析、利用高精度航磁数据研究地质结构与高温地热系统的关系等；

（2）伴随着增强型地热系统的发展，高温钻探、完井、固井、测井、井口等方面的设备、材料和技术仍然是全世界地热研究的重点，耐高温材料性能不断提升，微震监测技术和研究逐步发展与成熟，在 EGS 勘查、环境影响风险评估、人工裂隙监测等方面逐步发挥了重要作用；

（3）多储层、多种流体、多层次的地热系统综合、梯级开发利用技术和数值模拟技术成为热储工程学中的前沿课题；

（4）地热发电、直接利用新技术的研发与应用促进了地热资源开发利用向高效、低成本方向发展，腐蚀、堵塞、结垢预测、防治技术的深入为复杂水质条件的地热资源开发利用提供了技术支撑，重力热管技术可能是最具有颠覆性的新一代地热能源开发技术；

（5）地热资源的可持续发展受到更多的重视，回灌技术已成为地热资源开发利用的重要内容，尤其是砂岩储层回灌技术成为地热开发利用的关键技术之一[54]。

解决各种灾害的防治问题的关键首先是采场及开采扰动区多源信息采集、矿井复杂环境下多源信息多网融合传输、人机环参数全面采集、共网传输；其次是基于大数据云技术的多源海量动态信息评估与筛选机制、基于大数据的灾害多相多场耦合灾变理论、深度感知灾害前兆信息智能仿真与控制。

因此，将地理空间服务技术、互联网技术、CT 扫描技术、VR 技术等积极推向矿山可视化建设，打造具有透视功能的地球物理科学支撑下的"互联网+矿山"，对矿石赋存进行真实反演，实现断层、陷落柱、矿井水、岩爆等致灾因素的精准定位是矿山精准开采未来的主要研究方向。其他研究方向还包括创新地下、地面、空中一体化多方位综合探测新手段；研制磁、核、声、光、电等物理参数综合成像探测新仪器；构建探测数据三维可视化重构等数据融合处理方法；研发海量地质信息全方位透明显示技术，构建透明矿山，实现围岩变形、陷落柱、地质构造、岩体应力、矿井水等矿井致灾因素高清透视。

参 考 文 献

［1］盛佳，陈蓓，李向东，等 . 矿柱回采过程中叠层空区稳定性监测技术实践［J］. 矿业研究与开发，2016（5）：75-78.

［2］樊明玉 . 采场顶板稳定性与采场顶板监测技术研究［J］. 有色金属：矿山部分，2007（1）：8-11.

［3］洲际矿山冒顶事故常见原因及预防措施！［EB/OL］.（2020-10-07）. https：//map. weixin. qq. com/s/L4RlB7VDmjlkTgwFEEbtxg.

［4］王宁涛，谭建民，闫举生，等 . 矿区地下水监测与预警系统研究——以福建省龙岩市马坑铁矿为例［J］. 安全与环境工程，2011，18（1）：95-100.

［5］刘盛东，王勃，周冠群，等 . 基于地下水渗流中地电场响应的矿井水害预警试验研究［J］. 岩石力学与工程学报，2009，28（2）：267-272.

［6］李贵炳 . TSP 技术在煤矿水害预警预报中的应用探讨［J］. 中国矿业，2009，18（6）：93-95.

［7］张海龙，王涛，余浪，等 . 基于物联网的井下涌水自动监测与智能识别研究［J］. 金属矿山，2010（10）：106-109.

［8］丁雷 . 基于 GIS 的煤矿水害预警系统［J］. 矿业安全与环保，2013，40（2）：46-48，51.

［9］闫鹏程，周孟然，刘启蒙，等 . LIF 技术与 SIMCA 算法在煤矿突水水源识别中的研究［J］. 光谱学与光谱分析，2016，36（1）：243-247.

［10］靳德武，赵春虎，段建华，等 . 煤层底板水害三维监测与智能预警系统研究［J］. 煤炭学报，2020，45（6）：2256-2264.

［11］ Harr M E. Ground water and Seepage ［M］. London：Dover Publications，2011.

［12］ Goodman R E，Moye D G，Schalkwyk A，et al. Ground-water in flow during tunnel driving ［J］. Eng. Geol.，1965，2（2）：39-56.

［13］ Heuer R E. Estimating rock tunnel water inflow ［J］. In Rapid Excavation and Tunneling Conference，1995：41-60.

［14］ Perrochet P，Dematteis A. Modeling transient discharge into a tunnel drilled in a heterogeneous formation ［J］. Groundwater，2007，45（6）：786-790.

［15］ 刘志祥，刘奕然，兰明. 矿井涌水量预测的 PCA-GA-ELM 模型及应用 ［J］. 黄金科学技术，2017，25（1）：61-67.

［16］ 贾伦. ARIMA 模型在矿井涌水量预测中的应用 ［J］. 科学技术创新，2018（27）：25-26.

［17］ 傅耀军，杜金龙，牟兆刚，等. 基于煤矿井地下水含水系统的矿井涌水量预测方法——释水-断面流法 ［J］. 中国煤炭地质，2018，30（9）：37-43.

［18］ 焦志彬. 己组煤底板寒武灰岩疏水降压技术研究 ［D］. 焦作：河南理工大学，2012.

［19］ 李海燕，胥洪彬，李召峰，等. 深部巷道断层涌水治理研究 ［J］. 采矿与安全工程学报，2018，35（3）：635-641，648.

［20］ 吴启涛，姚明豪，张成行，等. 车集煤矿 29 采区底板太灰水疏降可行性研究 ［J］. 煤炭工程，2019，51（3）：92-96.

［21］ 孙国庆，张民庆. 圆梁山隧道粉细砂充填型溶洞注浆技术探讨 ［J］. 现代隧道技术，2005（5）：74-78.

［22］ 林东才，魏夕合，刘尊欣，等. 义桥煤矿立井井筒涌水机理与注浆封堵技术 ［J］. 煤矿安全，2012，43（3）：34-37.

［23］ 刘广步，王斌，周伟. 帷幕注浆技术在地下金属矿山的应用 ［J］. 矿业工程，2016，14（6）：14-16.

［24］ 刘波. 金属矿山立井 456 m 深井筒水面抛石注浆法堵水技术实践 ［C］//矿山建设与岩土工程技术新进展——2017 年全国矿山建设学术年会论文集. 中国煤炭学会矿山建设与岩土工程专业委员会：中国煤炭学会，2017：20-26.

［25］ 胥洪彬. 岩溶管道型涌水水力特征及注浆封堵机理研究 ［D］. 济南：山东大学，2019.

［26］ 张江利. 构造破碎带大巷顶板淋水注浆封堵技术 ［J］. 煤矿安全，2020，51（3）：75-78，83.

［27］ 施龙青，韩进，刘同彬，等. 采场底板断层防水煤柱留设研究 ［J］. 岩石力学与工程学报，2005（S2）：5585-5590.

［28］ 唐东旗，侯江涛. 任楼煤矿 F3-F4 断层间块段留设防水煤柱开采数值模拟 ［J］. 资源环境与工程，2006（5）：553-557.

［29］ 刘衍高. 深部开采区导水断层防水煤柱合理留设探析 ［J］. 煤矿开采，2008（1）：21-22，76.

［30］ 贾剑青，王宏图，胡国忠，等. 急倾斜工作面防水煤柱留设方法及其稳定性分析 ［J］. 煤炭学报，2009，34（3）：315-319.

[31] 蒋复量，李向阳，肖建清，等．基于 RS-ANN 的某矿山井下开采防水安全岩柱厚度的确定 [J]．南华大学学报（自然科学版），2010，24（3）：33-39.

[32] 吴浩，赵国彦，马少维，等．滨海基岩矿床开采防水矿岩柱高度的确定 [J]．中国地质灾害与防治学报，2014，25（1）：44-50.

[33] 李慧．矿井风温预测及其在通风设计中的应用研究 [D]．武汉：武汉理工大学，2012.

[34] 司千字．高温矿井的热环境处理 [J]．江苏煤炭，1999（3）：23-24.

[35] 刘玉顺．矿井风流温度的近似计算 [J]．黄金，1991（7）：24-28.

[36] 赵利，杨德源．矿内风温预测计算及程序编制 [J]．煤矿安全，1996（11）：20-23.

[37] 侯祺棕，沈伯雄．井巷围岩与风流间热湿交换的温湿预测模型 [J]．武汉工业大学学报，1997（3）：125-129.

[38] 周西华，单亚飞，王继仁．井巷围岩与风流的不稳定换热 [J]．辽宁工程技术大学学报（自然科学版），2002（3）：264-266.

[39] 杨德源．矿井风流热交换 [J]．煤矿安全，2003（S1）：94-97.

[40] 高建良，杨明．巷道围岩温度分布及调热圈半径的影响因素分析 [J]．中国安全科学学报，2005（2）：76-79.

[41] 宋怀涛．井巷风温周期性变化下围岩温度场数值模拟及实验研究 [D]．北京：中国矿业大学，2016.

[42] 易欣，吴奉亮，王振平，等．基于全风网的矿井风温预测方法研究 [J]．煤炭工程，2017，49（2）：89-92.

[43] 何茂才，陈建宏，永学艳．深井高温金属矿开采降温方案探讨及应用 [J]．金属矿山，2011（4）：144-148.

[44] Mackay L, Bluhm S, Van Rensburg J. Refrigeration and cooling concepts for ultra-deep platinum mining [C] //The 4 th International Platinum Conference：Platinum in transition 'Boom or Bust'. The Southern African Institute of Mining and Metallurgy, 2010：285-292.

[45] Brisset P. Cooling underground mines with ice Setting new standards for health, safety and energy-efficiency [EB/OL]. (2016-01-20).

[46] 王希然，李夕兵，董陇军．矿井高温高湿职业危害及其临界预防点确定 [J]．中国安全科学学报，2012，22（2）：157-163.

[47] 蔡美峰，何满潮，刘东燕，等．岩石力学与工程 [M]．北京：科学出版社，2002.

[48] 蔡美峰，冀东，郭奇峰．基于地应力现场实测与开采扰动能量聚集理论的岩爆预测研究 [J]．岩石力学与工程学报，2013，32（10）：1973.

[49] 古德生，李夕兵．有色金属深井采矿研究现状与科学前沿 [J]．矿业研究与开发，2003（S1）：1-5.

[50] 江飞飞，周辉，刘畅，等．地下金属矿山岩爆研究进展及预测与防治 [J]．岩石力学与工程学报，2019，38（5）：956-972.

[51] 刘立春，高岩，周博，等．电磁辐射法预测冲击地压的实践 [J]．现代矿业，2017，33（2）：223-224.

［52］宋杰，王健，柳尚，等．基于改进 PSO-BP 模型的电磁辐射法冲击地压预测［J］．煤矿安全，2019，50（6）：205-208.

［53］武强．我国矿井水防控与资源化利用的研究进展、问题和展望［J］．煤炭学报，2014，39（5）：795-805.

［54］王贵玲，刘彦广，朱喜，等．中国地热资源现状及发展趋势［J］．地学前缘，2020，27（1）：1-9.

7 深部高效连续开采方法和工艺技术

7.1 深部矿产资源开发模式

随着浅部资源的枯竭，目前世界上的主要矿业大国相继进入了深部开采，超过 1000 m 的金属矿山已有 100 余座，分布在南非、加拿大、德国、俄罗斯、波兰等国家，其中以南非最具代表性。2004 年，中国千米深井仅有 8 处；2015 年，全国千米深井已达 80 余座[1]。

我国金属矿山井巷掘进以往主要采用钻爆法破岩，该法适用性较强，但施工工序多，工人作业环境差，效率较低。随着矿物质赋存深度的继续增加，由于高地温和高地压，井下作业环境将极为恶劣，以人和采矿机械为主导的采矿活动将无法进行。开采进入深部高应力环境后，深部硬岩承受的高地应力意味着深部岩体贮存着高弹性能，可通过开挖诱导工程，将深部高地应力岩体的弹性能诱变为用于岩体破碎的有用能，即通过诱导工程使高应力在开挖岩体周围形成损伤区后，再利用采矿机械等方法对损伤区进行截割落矿，继而实现高应力诱导机械化连续开采[2]，这将会大幅度提高深部硬岩的开采效率，并可为深井智能化采矿和无人采矿提供技术基础；深部开采过程中，对于有色金属特别是贵重金属，传统提升矿石的矿井提升方法将会因为提升有用矿物质以外的大量废石而消耗过多的能量，使其经济性极差[3]，这时，在井下配备破碎、选矿系统，对开采的矿石进行分选从而只提升矿精粉或者矿物质，抑或是制备成矿浆进行无间断水力提升，利用深井高水压对水力提升系统进行压力补偿从而节约提升耗能，不失为最为经济有效的办法。图 7-1 所示为不同深地资源，特别是有色贵重矿物资源开采设计的开发模式。

高地压、高地温以及发展充分的水力提升技术还为深部溶浸采矿和热、电、矿物资源联合开发提供了有利条件，可以利用高地压进行耦合致裂矿体从而产生众多供溶浸液流通的导水裂隙，利用高地温不但可以促进溶浸液与矿物质的反应速度，而且高地温可通过溶浸液实现地热回收；当开采进入极深状态后，地温超过一定阈值，常态化开采技术难以进行，正如南非科学与工业研究协会（Council for Scientific and Industrial Research，CSIR）的地质物理学家 Ray 等[4]指出："矿工工作的极限深度约 10000 m——此深度热量和不稳定的岩石结构让开采活动无法进行"。深部物质所处的状态与浅部有极大不同，大体上随着深度增加地下物

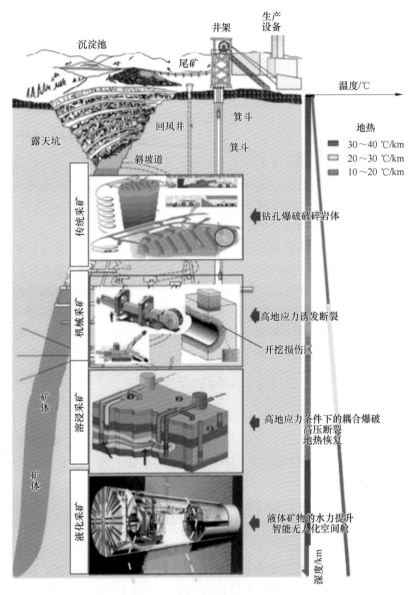

图 7-1 不同深地有色贵重矿物资源开采设计开发模式

质由脆性逐渐过渡为延性，并且物质状态逐渐由固态过渡为流固混合态，如德国大陆深钻计划在 1987—1995 年施工的 KTB 深地钻孔，发现在 9101 m 的地球深部温度高达 265 ℃，高温高压改变了物质的存在状态，原本认为会以固态存在的物质反而伴随大量的液体和气体呈流固混合态存在[5]。此时可以利用集采掘、液化、充填、水力提升于一体的集成化、智能化、无人化采矿舱对深地资源进行精准化、精细化无废开采。

7.2　矿产资源开采方法

7.2.1　采矿方法

地下开采方法分类繁多，通常按地压管理方式分为三大类[6]。

（1）空场法。空场法主要靠围岩本身的稳固性和矿柱的支撑能力维护回采过程中形成的采空区，有的用支架或采下矿石作辅助或临时支护。该采矿方法回采工艺简单，容易实现机械化，劳动生产率高，采矿成本低，适于开采矿石和围岩均稳固的矿体，在地下矿山应用广泛。但开采中厚层以上矿体时需留大量矿柱，矿石回采率低，因此采高价值矿床时用得较少。

空场法根据矿体的倾角和厚度的不同通常分为全面采矿法、房柱采矿法、留矿法、分段采矿法、阶段采矿法。鉴于地下采矿的恶劣环境，空场采矿法的综合性在采矿的过程中得以利用，它在保障采矿效率的同时，还能以阶段性出矿的特点克服在地下采矿中所面临的深坑、大孔、空场、大采场等难题。尽管其中的落矿方式会有所不同，但是空场采矿法所具有的独特技能，再配合大型的转载机械，可以从不同层次提高开采力度、开采技能。因此，空场采矿法在我国得到了广泛应用，它不仅能大大地提高采矿效率，还能大幅度地节约出矿成本，真正实现了高效、快速。

位于俄罗斯图瓦共和国西伯利亚原始森林的瓦铅锌矿[7]的采矿方法为机械化下向中深孔留矿法（图7-2）。该矿为高品质特大型矿山，矿床金属储量约160万吨，其中锌130万吨、铅20万吨、铜8万吨，伴生金、银，项目设计规模为年处理矿量100万吨。

机械化下向中深孔留矿法的具体实施步骤如下：

1）矿块布置及采切工程：矿块沿走向布置，矿块长为60 m，高度为60 m，分段高度为20 m，矿块宽度为矿体水平厚度，采用平底出矿结构，间柱为6 m，不留顶柱。采准切割工程主要有出矿进路、人行通风天井、凿岩平巷、切割天井、拉底巷道。在矿体下盘布置中段运输巷道，每隔10 m施工出矿进路与矿体相连。拉底巷道布置在矿体内。在矿块两侧沿矿体下盘布置脉外人行通风天井。在人行通风天井上每隔20 m开掘联络道通往矿房，然后沿矿体走向掘进凿岩平巷。沿脉运输巷道、出矿进路断面尺寸为3.5 m×3.3 m，人行通风天井断面尺寸为2.0 m×2.0 m，采场联络道断面尺寸为3.5 m×3.3 m，凿岩巷道断面尺寸为3.8 m×3.6 m，拉底巷道断面尺寸为3.5 m×3.0 m。

2）凿岩爆破：采用Simba1254凿岩台车，钻凿孔径为76 mm的下向平行或扇形中深孔，孔深16~17 m，孔间距为1.3~1.5 m，排间距为1.0~2.0 m，爆破

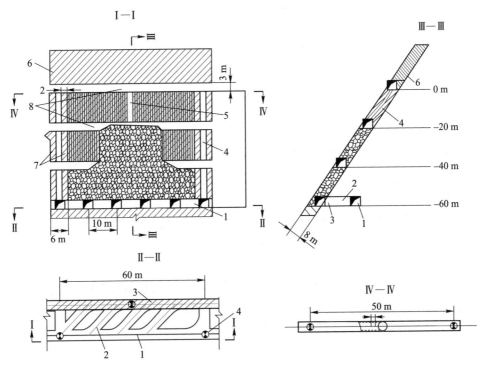

图 7-2　机械化下向中深孔留矿采矿法

1—中段运输巷道；2—出矿进路；3—拉底巷道；4—人行通风天井；

5—切割天井；6—矿石；7—间柱；8—凿岩平巷

采用非电毫秒雷管起爆，使用粒状硝铵炸药，利用高威力的乳化炸药作为起爆药，人工装药。每次崩矿步距为 4~6 m，从最下面一个分段的下向孔开始爆破。

3）出矿：采用 3 m³ 铲运机在底部结构出矿，每次爆破之后放出约 30% 的矿石。最上面一个分段爆破完之后，集中大量出矿。

4）最后一次爆破结束后，在底部结构大量放矿的过程中，利用铲运机从采场顶部填充废石，基本保持在覆岩下放矿，保证安全，采场回采结束后，及时封闭采空区。

（2）崩落法。崩落法是随回采工作面的推进有计划地崩落围岩，填充采空区以管理地压的采矿方法，适用于围岩容易崩落、地表允许塌陷的矿体的开采。

崩落法根据地表允许陷落情况和矿体稳固性的不同分为单层崩落法、分层崩落法、无底柱分段崩落法、有底柱分段崩落法、阶段崩落法。崩落法现在已经逐渐被采矿业淘汰，但部分特殊矿山仍在采用一些改良后的崩落采矿法，如无底柱二分段崩落法，是一种新型、高效、安全、快速的采矿方法，它在冶金地下矿山的应用率能达到 80% 以上，目前它在我国的使用历史已经达到十年之久。从最初的小参数逐渐发展成为现在的崩矿量，而且每一次的使用都能增加崩矿的数量。当使用大参数及其综合技术措施之后，不仅能全面提高采矿效率，还能省去不必要的中间环节，在节约采矿时间的同时，还能进一步降低采矿成本，效益十分可观。

位于智利第五区、首都圣地亚哥东北 50 km 处的安迪纳矿[8]，由于矿石具有良好的自然碎裂特性，同时，岩体的稳固性使矿山平巷仅需极少的支护，因此自矿山投产以来就一直使用崩落法开采。该矿是全球资源储量最大的铜矿，矿石储量为 191.62 亿吨，铜金属资源储量为 11360.5 万吨，含铜 0.593%。1970 年开始投产，是智利国营铜公司拥有的四个生产矿山之一。采矿生产主要是在里奥布兰科矿床进行，采选能力为 9.4 万吨/天，目前开采深度为 3070 m。

在里奥布兰科矿体南端有一角砾岩地段，该段为含电气石脉的安山碎屑岩，因此岩体强度很大，以致在崩矿时矿石块度太大，不能手工处理。在一号、二号盘区，该段矿体开采时，为达到合理的生产能力，矿石在用铲运机运出后再进行处理。在选择三号盘区的采矿方法时，考虑了一号、二号盘区的开采经验，设计了一种连续崩落法，称为盘区崩落法。针对传统方法崩落区范围太大这一问题，该方法按一种合理的顺序崩落较小的块段，以减少矿石贫化。

开拓方案如下：二号主平巷是进入三号盘区的主要通道，该平巷长约 6100 m，平行于现有的一号运输平巷。巷道断面尺寸为 6 m×6 m，1994 年 6 月由智利阿包诺斯（Aceros）公司承包完成，投资 10 万美元。二号平巷的末端将同一个斜坡逆贯通，斜坡道坡度为 12%，断面尺寸为 6 m×5 m，长 2500 m。通过斜坡道设备可通向三号盘区的所有生产水平。三号盘区开拓需要大量的掘进工作，包括主平巷、生产巷道、转运天井、格筛平巷、放矿、溜井和拉底平巷。三号盘区的掘进设备有 12 台 50 t 低矮型汽车、10 台 4.6 m³ 铲运机、4 台 1.9 m³ 铲运机、10 台液压碎石器、2 台潜孔钻机、8 台服务车、4 台电动液压凿岩台车。由于盘区中岩体的物理特性不同，根据矿体高度将盘区划分为三个矿段：一号矿段（次生岩带）矿体高度小于 65 m；二号矿段（原生、次生混合带）矿体高度为 65~120 m，三号矿段（原生岩带）矿体高度大于 120 m。对于各矿段，其盘区崩落法的布置特点分别为：

1）一号矿段：用传统矿块崩落法开采，在格筛水平破碎大块，必要时进行人工破碎。该矿段又根据底部结构所在的岩体类型划分为两个分段：

①在一个分段中，大部分巷道布置在次生岩中，放矿点间距为 10 m×10 m，溜井为矩形，而不是锥形，倾角为 60°，设有格筛以利于铲运机出矿，落矿水平带有 60 mm 格筛，经溜井与主运输水平连通。

②另一分段，待采矿石为次生岩，多数采矿巷道布置在原生岩中。按 9 m×9 m 布置锥形放矿点，井颈为矩形。其余同上述分段类似。

对于这两个分段，将海拔高度为 3207 m 的 16.5 水平作为生产水平。

2）二号矿段：用 4.6 m³ 铲运机出矿，放矿点间距为 12 m×12 m，该段设计参照了埃尔特尼恩特矿（IET. Nicnet）的经验，同时也研究了加拿大亨得森矿（Henderson）所用的方法。埃尔特尼恩特矿设计的主要优点是采准简单、稳定性好、易于机械化、产量高。将海拔高度为 3233 m 的 16 水平作为该矿段的生产水平。

3）三号矿段：位于盘区最北端，属含电气石角砾岩，用铲运机出矿，放矿点间距为 15 m×15 m。采用埃尔特尼恩特矿的布置方式。从混合矿岩带和原生矿岩带采出矿石，通过溜井达到"二次破碎"平巷，该平巷装备有液压碎石机，同生产水平（16.5 水平）位于同一标高。在 17 水平的主运输平巷，50 t 的低矮型柴油汽车将矿石运至主破碎站，破碎站建在采区的南北两端，汽车通过专用返回路线回到装矿点。

（3）充填采矿法。充填采矿法是在矿房或矿块中，随回采工作面的推进，向采空区送入碎石、炉渣、水泥等充填材料，以进行地压管理、控制围岩崩落和地表移动，并在形成的充填体上或在其保护下进行回采。适用于开采围岩不稳固的高品位、稀缺、贵重矿体；地表不允许陷落，开采条件复杂的区域（如水体、铁路干线、主要建筑物下面的矿体和有自燃火灾危险的矿体等）；也是深部开采时控制地压的有效措施。其优点是适应性强、矿石回采率高、贫化率低、作业较安全、能利用工业废料、保护地表等。

充填法根据矿体倾角和厚度、充填材料的不同分为干式充填法、水力充填法、块石胶结充填法和尾砂胶结充填法。充填法是未来矿山发展的大趋势。充填采矿技术综合了各道工序和大型机械化技术的优点，特别是在落矿、支护以及出矿等方面的作用尤为突出。在充填工艺过程中，经历了三个阶段的不同变化：首先胶结充填技术发展得非常快；其次是分级尾砂胶结充填，发展至全尾砂高浓度胶结充填，再到不脱水；最后是不收缩的全尾砂胶结充填。在回采工艺方面，只有充分提高分层分段的高度，才能进一步发展为大孔落矿，并结合采场结构参数的改进，实现盘区机械化充填，这样一来，充填系统就能进入半智能化的阶段了。

澳大利亚的奥林匹克坝矿山[9]是世界上最大的铀矿床、第四大金矿床和第五大铜矿床。该矿的矿石储量为 5.53 亿吨，含 Cu 1.84%、U_3O_8 0.57 kg/t、Au 0.69 g/t 和 Ag 3.41 g/t；测定和指示的矿石资源量为 59.79 亿吨，含 Cu 0.93%、U_3O_8 0.29 kg/t、Au 0.34 g/t 和 Ag 1.68 g/t，目前开采深度为 750 m。

该矿主要采用胶结充填深孔分段空场采矿法进行开采。有三个垂直竖井和一条斜井通到矿体。竖井深达 750 m，坑下道路网线达到 200 km。破碎过的废石、脱去矿泥的尾矿、水泥和发电厂的燃料灰渣制成的混凝土用于充填采空区。坑下自动化可大幅度降低奥林匹克坝矿山的采矿生产费用。矿山采矿的创新技术包括自动化的地下运输系统，灵巧的装运机，机器人操纵的、具有决策功能的地下矿石运送体系。

奥林匹克坝矿山用卡车将矿石运送到溜井，再通过列车运输到坑下破碎系统，破碎过的矿石装载到自动化机车中，通过机车运输网络运到矿石贮存设施中，然后由机车运到矿石提升系统，将矿石运到地表选矿厂（图7-3）。

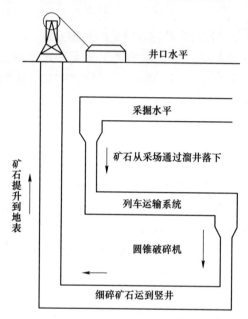

图7-3 奥林匹克坝矿山坑下采矿示意图

以上三种采矿方法在开采时均将开采单元分为矿房和矿柱，在回收矿柱前，先回采矿房。在浅部矿山开采中，预留矿柱可以起到支撑围岩、有效控制地压活动的作用；而在深部矿山开采中，矿柱的受力状态是复杂的，包括来自深部围岩的静压力、其他采场的动应力、复杂开采应力调整时产生的应力扰动，此时承受静压下动力扰动的矿柱是导致岩爆问题产生的重要因素。此法的弊端在于矿柱回收率低、作业成本高、影响经济效益。

为了解决金属矿房传统开采方法产生的弊端，中南大学在"七五""八五""九五"期间，先后在冬瓜山铜矿和凤凰山铜矿承担了国家科技攻关项目"地下金属矿采矿连续工艺技术与装备的研究""地下金属矿无间柱连续采矿工艺技术研究"和"深井硬岩连续开采技术"。实践证明，连续采矿方法适用于深部矿山的开采，是金属矿地下开采技术的一个重大变革，也是金属矿深部开采发展的一大趋势[10]。

目前地下金属矿山的连续采矿模式可分为两类，见表7-1。

表 7-1 地下金属矿山的连续采矿模式

采矿模式	理念	基本原理	适用范围
采装运机组的连续采矿	爆破破岩的广义的连续采矿	以大矿段为回采单元,采用一步骤回采、连续推进的阶段矿房法,在回采过程中,爆破崩矿、振动出矿、运矿、充填(废石)四个工序在不同的空间平行进行。图 7-4 所示为一高阶段连续采矿的概念图[11]	厚大矿体
单一采矿机的连续采矿	无爆破(非爆破)破岩的狭义的连续采矿	在矿房回采过程中,不采用凿岩、装药、爆破的方法崩落矿石,而是用其他手段诸如切割、冲切、胀裂等方法来崩落矿石的一种新型方法。与传统的采矿方法相比,由于无爆破采矿法取消了凿岩装药爆破的循环作业方式,可实现机械化连续开采,所以它的劳动强度低,劳动生产率高。同时还因为无爆破振动,减轻了回采对矿体及围岩的破坏,这对加强采场地压管理及降低损失贫化都具有显著的作用[12]	薄至极薄矿脉

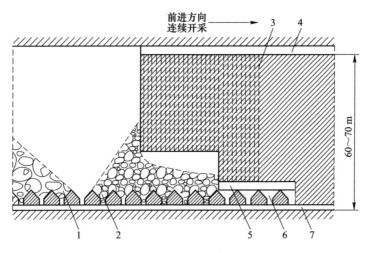

图 7-4 一步回采的连续采矿概念方案图

1—废石;2—矿石;3—炮孔;4—凿岩硐室;5—拉底巷道;6—放矿漏斗;7—出矿平巷

7.2.1.1 爆破连续采矿

对于第一种采装运机组的连续采矿,国内有诸多的矿山已经开始使用。

A 冬瓜山铜矿

冬瓜山铜矿[13]采用的是大直径深孔阶段空场嗣后充填采矿法,冬瓜山铜矿采场尺寸为 100 m×180 m,采场按矿房、矿柱两步骤回采。每个盘区内布置 10 个采场,采场沿矿体走向布置。采场长度为 100 m(包含两侧各约 10 m 矿柱,后期回收),宽 18 m,采场高度为矿体厚度,盘区间不留间柱。采准工程有出矿穿脉、出矿巷道、出矿溜井、凿岩硐室、凿岩硐室联络道;切割工程有切割天井、拉底巷道、堑沟。出矿水平的出矿巷道布置在矿体下盘的岩石中，从出矿巷道向两侧掘进出矿穿脉、凿岩硐室和拉底巷道；拉底巷道位于采场中间。各个水平之间用辅助斜坡道连通，通过辅助斜坡道掘进凿岩水平的凿岩硐室。凿岩硐室以 4.2 m 高度扩帮后全面拉开，中间每隔 9 m 左右留岩柱。一般情况下，回采中段高为 60 m，当矿石和围岩稳固性好，充填体有足够强度时，可采用 120 m 中段回采。即凿岩中段高为 60 m，出矿中段高为 120 m。采场采用堑沟底部结构。回采凿岩采用 Simba261 潜孔凿岩台车在凿岩硐室内以（3.0~3.5）m×（3.0~3.5）m 的网度凿下向平行炮孔，炮孔直径为 165 mm。凿岩机一次钻凿完一个采场的全部炮孔，分次装药爆破，爆破采用普通乳化油炸药，侧向崩矿。崩落下的矿石用 ST-5C 铲运机装卸入溜井，采场残留矿石采用遥控铲运机回收。

B 新城金矿

新城金矿滕家矿区[12]原本生产规模为 1000 t/d，之前采用机械化上向水平分层尾砂胶结充填采矿法，采矿损失率为 10%，矿石贫化率为 8%。而后矿山根据新城金矿存在的问题，结合国内外开采此类矿体的经验，提出了分段凿岩、阶段出矿、中深孔落矿、连续回采的采矿方案，即分段凿岩阶段出矿连续采矿法试验，具体方案如图 7-5 所示。

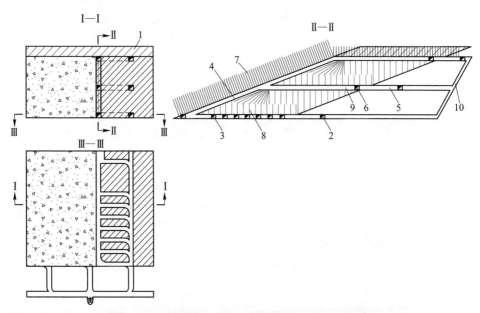

图 7-5 分段凿岩阶段出矿连续采矿法标准方案示意图

1—顶柱；2—阶段运输巷道；3—出矿巷；4—切割天井；5—分段巷；

6—联络巷；7—长锚索；8—中深孔；9—分段凿岩巷；10—脉外溜井

回采顺序及采场结构参数：为减少工程量，按照探矿工程中探矿穿脉的设计，每 30 m 划分为一个盘区。采场垂直矿体走向，沿走向布置，由左向右后退式回采，采幅为 3~4 m，回采高度为阶段高度，上部留 7~10 m 顶柱，在人工假底的保护下采用进路法进行回收。

采准切割工程：缓倾斜极厚大矿体难以借助自助溜矿，因此需设置底部出矿结构，在盘区底部中段沿矿体走向布置沿脉出矿巷，间距为 5~6 m。其中，紧邻上盘的出矿巷兼作上盘天井的沿脉巷。回采前须将上盘沿倾向拉开尺寸为 3.0 m×3.0 m 的天井，将上盘用长锚索进行支护，提高采场安全性，减少采矿损失贫化。第二条出矿巷由于布置在天井下方，需留出一定的安全距离。探矿穿脉在控制矿体边界后可作为集中出矿巷道。在顶柱下方沿矿脉下盘布置 1 条沿脉巷，作为回风充填巷道。凿岩巷布置在采场的底板、中部和顶板位置。除阶段运输巷道外，其余巷道断面皆为尺寸为 3.2 m×2.9 m 的三心拱。

凿岩爆破：采用垂直中深孔落矿，以上盘天井为切割槽，下盘三角矿采用抛掷爆破向上盘抛掷，采场两侧布置预裂孔以减少爆破振动和控制采场轮廓，防止对相邻采场充填体产生破坏，能够有效减少采矿损失贫化。凿岩采用 QZJ-100B 型潜孔凿岩钻机，在凿岩巷中上下凿岩，以方便垂直钻孔为基本原则合理分布上向凿岩与下向凿岩。落矿孔孔径为 65 mm，间距为 1.4 m，排距为 1.4 m；预裂孔排距为 0.7 m。下盘三角矿抛掷爆破可适量减小孔排距，增加装药量。使用高精度毫秒非电导爆管起爆，正向起爆，炮泥堵塞炮孔，采用复式起爆网络。

支护：为保证作业安全，降低由于顶板及上盘的支护效果差而导致的采矿损失贫化，回采前需将采场预支护，预支护部位为上盘和顶板。上盘支护在上盘天井的施工中随采随支护，采用长锚索进行支护，排间距为 1.5 m × 1.5 m，锚杆固定铁丝网，锚在上盘围岩中并进行喷浆处理，喷浆厚度要求以完全遮盖铁丝网为主。采场顶板采用长锚索支护，网度为 2.0 m × 2.0 m，局部极破碎地段需喷浆挂网联合支护，确保采场内不会掉落浮石。

通风及出矿：新鲜风流由出矿巷进入采场，洗刷采场后经顶部回风巷道回风，并入回风系统。出矿采用 2 m³ 铲运机在出矿巷道内出矿，经阶段溜井下放至运输水平统一提升至地表。

充填：回采前在采场底部布置充填假底，采用灰砂比为 1:4 的高强度充填体，底部钢筋网的网度为 300 mm×300 mm，钢筋直径为 16 mm。其余部分采用高浓度膏体充填，确保充填质量。

连续回采作业：在施工上盘天井时，将下一采场的上盘天井同时扩刷并支护。进行采场充填前，将下一采场的上盘天井用充气气囊占据天井空间，避免充填体流入。进行下一采场的回采作业时，将充气气囊内的气体放出形成下一采场的补偿空间和爆破自由面连续回采。

采用该法后矿山生产能力为 504.19 t/d，矿石贫化率为 6%，采矿损失率为

7%。还具有中深孔落矿效率高，采场生产能力大；采准切割工程量低，且采准时即可副产大量矿石；人员作业安全，作业效率高；生产作业能力大，所需布置采场个数少，井下生产作业人员大幅减少等优点。

C 其他矿山

凤凰山银矿[14]采用无间柱连续采矿法，即将矿体划分阶段，根据矿体厚度和赋存的地质条件以及矿岩的性质，再将阶段中矿体连续性好、矿体厚度较大、矿石品位相对较好的几个矿块划为一个大盘区；将矿体厚度不大、矿石品位不好的矿段留作阶段矿柱。在盘区内以矿块为一个个的回采单元，在回采过程中，矿块间的间柱随着回采工作面的连续后退一起回采，不留采场间柱。

悦洋银多金属矿[15]采用组合棋盘式底部结构的缓倾斜矿脉连续采矿法。该采矿方法将矿体划分为阶段，在阶段中划分小中段，上下中段预留斜顶柱；将矿体沿走向划分为矿房和矿柱，在矿房和矿柱中布置采场，多个采场组成一个盘区；采用脉外无轨采准系统，在采场底部沿矿体下盘中央掘进"V"形堑沟式上山；盘区采场受矿巷道与出矿进路呈棋盘式布置，通过小中段短溜井与上部"V"形堑沟上山连接，铲运机在底部棋盘式出矿进路中进行出矿，将受矿巷道矿石搬运至盘区溜井，完成采场整个出矿过程；一步骤回采矿房，二步骤回采矿柱，矿房回采结束后，先用高配比尾砂胶结充填一分段，后用低配比尾砂充填并接顶，矿柱在一步骤采场充填完毕后进行回采。

卡房矿区[16]采用无轨连续采矿法，即对矿体进行盘区划分，盘区内进行矿房划分，矿房与矿房间不留或少留矿柱，一个盘区作为一个回采单元，在回采单元（盘区）内，落矿、出矿、运搬、充填等工序各自具有相对独立的作业条件，各工序间相互协调在不同矿房作业空间内平行连续进行，实现了安全、高效、低耗、环保、连续的矿山生产。

7.2.1.2 无爆破采矿

对于第二种模式"单一采矿机的连续采矿"，南非、澳大利亚、美国及欧洲许多国家先后利用非爆采矿对薄矿脉矿床进行了开采试验和应用。1969 年，南非采矿研究院利用刮刀钻头对地下深 2500 m 的金矿进行了采矿试验，该方法显著地改善了上盘围岩的条件；1983 年，美国矿务局也进行了类似的试验研究，试验表明该方法可用于地下薄矿脉的回采，估算生产率为 27.5 t/h 左右[17]。我国北京矿冶研究总院在 1987—1989 年间，利用劈裂机劈岩法在山东招远金矿进行了薄矿脉无爆采矿法的探索试验。结果表明，对于薄与极薄矿脉，劈裂法可以有效地进行矿岩粉采与选别回采，矿石贫化率极小，经济效益明显。

两种典型的破岩方法，见表 7-2。

表 7-2 无爆破采矿技术破岩方法

破岩方法	基 本 原 理	适用范围
凿岩劈裂采矿方法	该方法由美国矿业局研究发明。利用凿岩劈裂机首先在矿石内钻凿深的浅孔，然后在钻孔深处施加径向力和切向力，以剪切和拉伸的破坏形式使矿石呈锥形破裂，如图7-6所示	厚度为0.6~1.2 m的急倾斜薄矿脉
冲击破裂采矿方法	由于很多深水平采场工作面岩石承受了很大的应力，往往会产生裂缝，因此利用高能量液压冲击锤，通过冲击和撬的作用完全可以破碎岩石。该方法采用冲击碎裂采矿机进行回采，这种采矿机由一个高度灵活的高能量冲击锤、托架、导向牵引装置（可使机器沿着工作面来回移动）以及往复式刮板运输机构成	薄矿脉

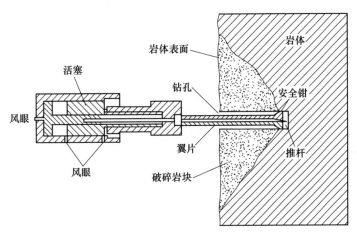

图 7-6 凿岩劈裂器破岩示意图

薄矿脉的非爆破连续采矿在国内矿山的应用仍鲜有例子，但有些矿山已经开始着手研究多矿脉群的协调连续开采，如青海省某金矿[18]共圈定了30条矿薄脉群，其中具有工业品位的矿体18条、低品位矿12条。采矿工程布置于该矿4345 m中段M5、M6、M7、M8、M9、M10矿体3~8号勘探线区域。矿体长度平均为240 m，倾角平均为66°，厚度平均为4 m。该矿提出了一种以多条矿脉为回采单元的急倾斜薄矿脉连续化回采方法，即深孔分段空场上向嗣后充填连续协同采矿法，实现了安全、连续、高效地回采该矿山急倾斜薄矿脉群。针对矿脉群，对其进行阶段划分，再对阶段进行分段，通过采场联络道将多条薄矿脉划分为一个个采场，采场之间进行连续回采，阶段内多条矿脉同时回采推进。采场回采采用深孔落矿方法，矿房中央进行立槽爆破（为后续大规模落矿提供爆破补偿空间），不留间柱，仅留临时顶柱，临时顶柱与最后一次大规模落矿一同爆破，落下的矿石由铲运机运至分段溜井。对于开采结束的采场，立即进行分层充填，并设置人工假底，待充填体完成养护后，即可进行相邻采场回采。分段矿脉群的所有采场均不留设间柱，一步骤回收采场内的矿石，再无后续回采作业。

7.2.2 机械破岩方式与机理

从长远出发，采用机械连续切割破岩取代传统爆破开采，具有重要意义[19]。传统爆破采矿工艺的弊端一方面在于爆破对围岩和环境的破坏，另一方面矿石和废石一起爆落采出，大幅增加了提升量。采用机械切割采矿的优越性在于开采过程不需实施爆破，提高了围岩稳定性；不受爆破安全边界的限制，扩大了开采空间；机械切割提高了采矿准确性，使矿石贫化率降到最低[20]。

7.2.2.1 机械破岩机理

不同的岩石破碎方法其破坏机理也不完全相同，根据岩石的破碎过程，其破坏机理可借助机械切削破岩机理模型进行理解，如忽略冲击载荷所产生的应力波，刀齿和岩石的相互作用过程的各种破碎模型分析都相似，而冲击和碾压的破岩过程与之前相比之下，增加了应力波的作用，因此主要针对机械切削破碎机理进行描述。

自20世纪50年代以来，国内外学者对许多岩石的切削进行了大量的研究，根据大破碎块体在不同刀具作用下形成的断裂面形状的不同进行分析推导，获得了不同的破碎机理模型，比较典型的包括剪切模型、拉伸模型、拉剪联合模型三种。

A 剪切模型

格赖理论指出，切削钻头所产生的作用力本质上作用于弹性半空间，并呈线载荷分布，与最大主应力存在一定交角的对数螺旋线作为其剪应力轨迹。当剪应力大于岩石的极限抗剪强度以后，首先沿着近似于对数螺旋线的路径产生裂纹并不断发展，然后逐步向上弯曲，直至到达自由表面，如图7-7所示。格赖认为，最大正压力与扭转力随着钻进深度的增加和前角的减小而急剧增大，同时刀尖磨钝或刃角加大时也符合上述规律。

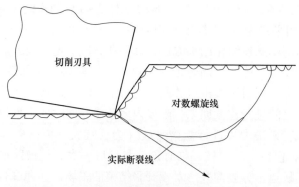

图 7-7 格赖的剪碎机理模型

西松裕在莫尔-库仑准则的基础上，建立了剪切破碎模型，如图7-8所示。他认为岩石的切削破碎是脆性破坏，因此在进行岩石的切削钻进时，不会有塑性变形出现。因此，在出现宏观断裂或块体崩裂以前，岩体各区域的受力情况一定是不均匀的，岩石中也不会像金属切削过程中那样出现塑性区。用二维平面的理论来分析切削岩石的力学问题，由切削破碎产生的剪应力，其轨迹是与最大主应力呈一定交角的直线。如果剪应力超过岩石的极限抗剪强度，则将沿着近似于直线的路径产生断裂裂纹，并不断发展直至自由表面。此外，克塞健也建立了相关的岩石剪碎破岩机理的模型。

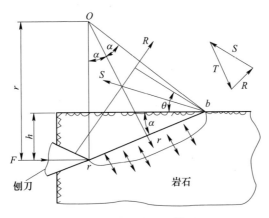

图 7-8　西松裕机理模型

B　拉伸模型

19世纪60年代，伊万斯根据刨煤机原理建立了脆性拉伸破岩机理模型，并不断对其进行完善，如图7-9所示。根据伊万斯理论，在刨刀的作用下，沿着刀尖 r 至自由表面 b 上的某点构成的圆弧形轨迹产生拉伸裂纹并不断扩展，剪应力与刨刀楔面之间的夹角等于 $\left(\dfrac{\pi}{2}-\theta\right)$（$\theta$ 为刨刀与煤炭之间的摩擦角），产生的总拉应力垂直于圆弧轨迹，并通过圆弧的圆心点。通过修正，伊万斯将其模型扩

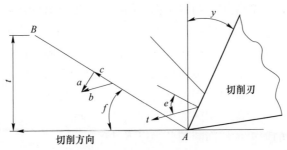

图 7-9　伊万斯拉伸断裂模型

大应用于钝刃楔形刨刀破煤，使该模型可以适用于中硬岩石。

20世纪70年代，洛克斯包劳夫通过实验的方法证明了伊万斯模型可以用于砂岩、石灰岩和硬石膏等岩石的破碎，并且得出了破岩参数与破碎比之间的关系。费尔哈斯特等认为，断裂是沿着直线发展的，并且与切削钻头正压力和扭转力的合力方向成 x 角，如图7-10所示。此外，铃木光和Whittake B N等也建立了类似的拉碎机理模型。

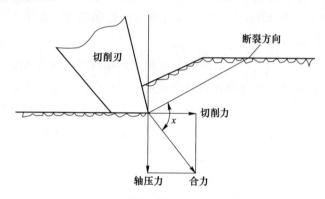

图7-10 费尔哈斯特破岩机理模型

C 拉剪联合模型

古德里治与中岛严等分别建立了拉剪联合切削的模型，他们认为，切削破岩经历的过程是将小块脆裂逐步发展成为大块崩裂，即每次大块崩裂之后，切削刃向前移动，压碎刃前形成若干小块岩石，直至下一次发生大块崩裂现象。其实质为刃前岩石首先被剪碎或压碎成粉状，然后由于拉应力的作用，逐渐形成裂纹扩展和块体断裂。

费尔哈斯特、拉克苯勒和格莱研究发现，由于切削破岩的过程是不连续的，钻头上的瞬时正压力和扭矩力都会随着小块脆断的产生而出现较快波动，在经历多次小波动之后，正压力在大崩裂发生之前达到其最大值，然后迅速下降到几乎等于零。扭矩力也是如此，但波动的幅度比较小，由于作用力会发生生疏的变化，在脆裂形成时，总作用力与水平面之间夹角的变化在30°~90°。别隆应用高速摄影法获取了煤炭的切削破碎过程的录像，认为在切削破岩的过程中，随着刃与煤之间接触压应力的增加，同时考虑煤炭多孔性与裂隙性的影响，煤炭首先被挤压成非常细小的颗粒，然后被压实成压实体，其中会有一部分的压实体随着切削过程的进行，沿刃面流出，当切削力逐渐增加到一定程度时，在压实体边缘就会出现大体积剪碎的现象，别隆的模型如图7-11所示。

根据布拉辛的理论，切削断裂分为以下过程：

（1）刀具的冲击力作用在岩石上，使得在岩石的冲击区外产生微小的裂纹；

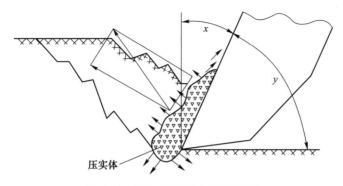

图 7-11　简化的别隆切削机理模型

（2）当载荷逐渐增大，微裂纹会慢慢扩展形成大裂纹；

（3）在裂纹达到某一个临界长度后，扩展速度突然加快直至形成自由面，并最终导致切屑分离，如图 7-12 所示。

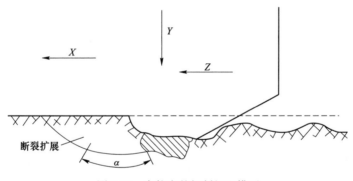

图 7-12　布拉辛的切削机理模型

D　冲击破岩理论研究

冲击破岩是指采用冲击载荷进行岩石破碎，冲击载荷与静载荷破碎岩石的机理原则上是一样的，由于岩石本身的岩性不同，其破碎过程也不一样，但它们产生的裂纹类型基本一样。大量实验证明，静载荷和冲击载荷使岩石破碎的损伤形态相似，但静载荷岩石破坏产生的裂纹顶角明显比冲击载荷大，动载荷使岩石破碎产生的径向裂纹比静载荷的大约长 40%，冲击载荷使岩石破碎时的塑性区的深度与宽度之比为 0.8，而在静载荷作用下该值为 0.5，且塑性区呈半球形，静载产生的开裂范围与冲击载荷相比之下也会偏小[21]。

冲击和碾压破碎岩石的过程均是动态冲击过程，其破岩机理可用应力波相关理论进行解释，此处以冲击式凿岩为例进行说明，当凿岩机的活塞撞击钎尾，钎杆内部产生应力并以应力波的形式传递到钎头，而该应力波一部分发生反射，另一部分传递到岩石，当传递到岩石和反射回来的应力波之和大于岩石的极限破坏强度时，岩石便发生破坏。

7.2.2.2 机械破岩方法

众所周知，大部分煤矿山都实现了机械化连续采矿，这是因为煤矿及其围岩较软，采用机械设备进行直接掘进回采既能达到很高的生产能力，又能改善工人的作业环境。许多软岩矿山也都开始了机械化开采的研究与应用。但硬岩矿山要实现非爆连续开采，需满足两个必要条件，即高效能采掘设备和有发育的岩体节理等结构。

机械破岩是一种借助刀具的作用，通过机械驱动将岩石破碎的技术。其设备根据刀具的类型、刀具的分布、刀具的作用方式的不同有多种形式，在功率充足的情况下可实现破碎岩石的作用。表 7-3 中列出了常用的机具破岩方法，从表中可以看出，岩石的情况对于破岩的方法和机械设备的选择有很大的影响，因此应该根据实际情况确定破岩设备的选用。

表 7-3　机具破岩方法对比表

破岩方法	岩石情况	切割速度 /m³·h⁻¹	破岩能力 /m³·h⁻¹	输入功率 /kW	单位能耗 /kW·h·m⁻³
滚刀切割	坚固	2.3	2.3	150	65
金刚石岩芯钻进	坚固/破碎	5.4	0.24	150	625
刮刀钻头切割	破碎	4.0	0.14	30	210
冲击破碎	破碎	9.5	9.5	24	2.5

目前高效能的机械破岩方法有：

（1）切削破岩。切削破岩是凭借刀具刃角对岩体产生作用，从而使得岩石表面产生分离破碎的一种机械破岩方式。刚石钻头、刮刀钻头、人造金刚石钻头、麻花钻头和煤矿用采煤机采煤、掘进机切割破岩等均属于切削破岩的机械设备，其中使用钻头的机械通过钻头的旋转实现其对岩石的切削，而掘进机切削破碎岩石的工具则是带有刃口的刮刀。根据刀具在破岩时的运动轨迹进行分类，切削破碎可分为钻、刨、截、挖等。

南非在长壁矿区回采中使用了其自主研制的线性刮刀切割机，能够有效地对窄矿脉进行回采，很大程度上提高了矿石的回收率。该回采切割机最大的优点是可降低回采的宽度，使得顶板的受力分布更均匀，但是刀具的严重磨损使其在实际应用中受到了限制。1983 年，美国矿业局结合切割实验，研究了磨蚀性硬岩。结果表明，切削宽度和深度的比值会对破岩能耗产生影响，随着其比值的增加，刮刀破碎岩石所需的能量逐渐减小；切削宽度与深度的比值取 1/2～2/3 的某个值时，切割效率达到最大；切削力与切削深度成正相关，而且切削力的变化趋势趋于平缓。加拿大 HDRR 矿业公司和美国国家矿业局合作研究了动静组合作用下的岩石破碎情况，即在静载荷的作用下，施加低频振动，能够很好地用于极坚硬矿石的切割开采。在地表开采方面，德国 Wirtgen 公司研发的基于滚动式切割的连续式采矿机，能够用于各种硬度矿岩的开采[22]。

（2）冲击破岩。目前应用较多的冲击破岩的设备有矿用凿岩机、潜孔钻机和钢丝绳冲击钻机、碎石机等。冲击破岩是用工具的高速度运动对岩石产生冲击，通过能量转化实现岩石的破碎。根据其破碎岩石的实质，可以进行如下分类：

1）凿碎，如凿岩机凿岩钎头冲击式凿岩；

2）劈落，如风镐落煤侵入岩体，分离大块出来；

3）砸碎，如破碎头冲击大块矿岩进行二次破碎；

4）射击，如吊绳冲击式凿岩。

冲击破岩的相关理论有了较成熟的发展[23]，南非在窄金矿脉回采的工程中应用了其自主研发的冲击式硬岩采矿机——在旋转臂上共有 9 个小型的冲击破碎机，取得了很好的效果，对于较破碎的采场有很高的回采能力，特别适合采用长壁法进行的回采。英国在 20 世纪 70 年代研发了液压驱动的冲击式破碎机，并将其用于抗压强度较小的软弱岩体（如泥岩、砂岩、页岩和粉砂岩）的挑顶作业，能够有效地提高作业效率。同样基于冲击破碎原理，美国 Hecia 矿业公司研发了薄矿脉硬岩采矿机，该设备能够向两个方向回采，也能够使矿石从设备的下部滑出。其在实践工程中的应用表明，为了提高破碎岩石的速度以及降低能量的消耗，可以在围岩中有裂隙的地方进行破岩操作。澳大利亚 SDS 公司和美国合作研发了以水或泥浆进行驱动的井下液动冲击器，可将坚硬岩层的钻进速度提高到 20 m/h，有明显的优势，特别是对深井的钻进。

（3）冲击切削破岩。冲击切削破岩是联合冲击和剪切作用对岩石进行破碎的，主要设备有牙轮钻机钻井和全断面井巷钻机掘进，主要破岩刀具包括各种滑移型牙轮钻头和钻（掘）进机刀头。

目前，全断面掘进机、竖井及天井钻机已广泛应用于井巷掘进；基于冲击切削破岩机理的硬岩连续采矿机也获得了相当大的发展[24-25]。美国 Robbins 矿业公司研制了硬岩移动式采矿机，这种设备靠履带的传动行走，在其周边安装大直径的刀盘，通过刀盘上滚刀的径向运动进行切割破岩。盘刀碾压破岩移动式连续采矿机能够很好地应用于硬岩的切割开采，与凿岩爆破法相比，其竞争力更大。瑞典 Atlas Copco 公司开发的采矿机利用旋转刀盘，一次只切割工作面的一部分，以确保刀盘上的全部滚刀在钻进摆动过程中都能同等参与切割。德国 Wirth 公司与加拿大 HDRK 采矿研究中心联合研制的 CM 连续采矿机，有四把沉割式盘形滚刀，分别装在四个可径向回转的切割臂上。美国 Colorado 矿业学院研制了一台适于抗压强度为 170 MPa 岩石的掘进机。该机在直径为 810 mm 的转筒端头上安装了直径为 125 mm 的小型盘形滚刀进行切割，能在有轨底盘上与主巷道成 90°夹角方向作业。

除机械连续切割破岩采矿方法以外，有研究价值的新型连续破岩切割采矿方法还有：

（1）高压水射流破岩技术。高压水射流分为连续射流和脉冲射流两种类型。连续射流是连续喷射的压力稳定；脉冲射流是间断发射的，压力随时间变化。水射流的能量集中，横向分力很小。目前，高压水射流技术研制的采煤机、切割机和清洗机在软岩中已有应用。

（2）激光破岩技术。利用高能激光束作用于岩石表面，产生大量热能使岩石迅速受热膨胀，引发岩石局部热应力升高，当热应力超过岩石的极限强度时，岩石就会发生热破裂，从而实现岩矿切割[26]。2000 年，俄罗斯的一个物理研究所完成了高能激光钻井破岩的可行性试验，证明兆瓦级激光器能满足硬岩破岩的能量要求，破岩效率比金刚石钻头高 10~100 倍[27]。

（3）等离子爆破破岩技术。利用电能将炮孔中的电解液分解产生高压、高温等离子气体，通过等离子气体的迅速膨胀形成冲击波，达到类似炸药的爆破效果[28]。1993 年，等离子破岩技术在加拿大东魁北克的 Gaspe 矿进行了现场试验，在强度为 140~350 MPa 的硬岩工作面爆破中获得成功[29]。

此外，随着科技的发展，出现了许多现代破岩方法，如超声波法、射弹冲击法、水电效应法、火花放电法、电子束法聚焦电子束、脉冲电子束、高能加速器、红外线法、热溶法电能、核能、高频法、电热核法、微波法及化学破碎法等，但这些方法目前还很难用于现场破岩。

7.2.3 运输提升

通过对国内外深部矿山提升运输系统进行统计分析，目前在深部开采实践中，绝大多数矿井采用多级竖井提升方式，并借助胶带运输机、轨道运输或者无轨设备进行开采阶段内的矿石转运，也有一些矿山在井下设置了破碎粗磨站，对矿石进行粗磨后再转运提升，表 7-4 给出了国外典型深部矿山的提升方式。竖井提升方式便于向下延伸，随着开采转向深部，只需延伸提升竖井或者增加下一级提升竖井即可。此外，竖井提升属于传统提升方式，经验积累丰富，技术成熟，如果采用其他提升方式，则技术改造工程量大。然而竖井提升方式也存在如下不足：

（1）非连续提升，间歇性作业。装载和提升工序分离，罐笼在提升竖井内的提升耗时过长。

（2）提升能力有限。进入深部开采后，矿石品位降低，为了满足经济技术条件，增大矿石提升效率将是必然趋势，然而竖井提升只能通过增大单次提升量或者加快提升速度来提高提升效率，这就需要更大的提升功率，对于提升动力机械和提升缆绳是极大的挑战。

表 7-4   国外典型深部矿山提升系统统计

矿山	采矿方法	提升系统
姆波尼格金矿（南非）	网格开采（5400 t/d）混凝土充填	双井系统——包括 2 个竖井和 2 个服务井
陶托那盎格鲁金矿（南非）	长壁式采矿方法	三级提升的竖井（200 m 深）
萨武卡金矿（南非）	长壁式采矿方法	包括主井、副井和三级提升井的三井系统
德里霍特恩金矿（南非）	长壁采矿法和分散采矿法的结合采场宽 40 m，跨度 140 m	8 个竖井进行提升
远西兰德库萨萨力图金矿（南非）	顺序网格矿业	双主井和双副井提升系统
摩押金矿（南非）	分散网格采矿与综合回填系统	双竖井系统
南深部金矿（南非）	低回采面机械化开采	双井系统，包括 2955 m 深的双主井和双副井
基德溪铜锌矿（加拿大）	胶结充填开采（7000 t/d）	三竖井提升
克克特镍矿（加拿大）	大口径炮眼法与垂直炮眼法相结合回采（3755 t/d）	9 个竖井提升（正在尝试用卡车沿斜坡道运输代替竖井提升）
詹德雷德矿（南非）	典型的钻爆法开采	双井系统

（3）系统自身能耗高。进入深部开采后，需要借助粗重的钢丝缆绳进行长距离提升矿石，自重能耗急剧增大，从而导致提升系统输出的能量大部分用来提升钢丝缆绳，而用于提升矿石的有效功率则占比较小。同时，如何快速将矿工和材料送到深部工作面并返回也值得深思。对于深部矿石提升和人员运输，需改变目前升降机的运送机制，是利用竖井，还是利用胶带，抑或是利用创新性的提升方法，例如封闭式胶带、水力提升、磁悬浮升降机提升等；是直接提升矿石，还是先进行矿废分离、粗磨、分选后再提升矿精粉，抑或是原地溶浸，这些问题都急需进行深入细致的研究。

基于国内外深部矿山的生产经验，两种常用的深部矿山提升运输方式分别为多级竖井提升和封闭式胶带运输。

7.2.3.1   多级竖井提升

竖井的一段提升深度受升降机自身容重的限制，目前单根升降机钢缆最多只能抵达 2950 m。由于深井提升的有效载荷将随深度的增加而显著下降，提升费用必然大幅度增加，且安全可靠性降低，因此一段提升一般不超过 2000 m，而当采深超过 2000~5000 m 及以上时，目前国内外深部矿山绝大多数都采用多级竖井提升系统，该系统一般包括一个主提升竖井和多个辅助提升竖井。竖井沿矿体向下延伸方向依次错开，竖井之间通过胶带、无轨设备或者机车进行矿石运输。其中最为典型的是南非 Tau Tona 金矿所采用的 3 级竖井提升方式[30]：第 1 级竖井到达 67 水平，深 1951 m；第 2 级竖井到达 102 水平，深 1164 m；第 3 级竖井到达 122 水平，深 819 m。竖井之间通过胶带或者无轨设备进行转运，但是矿工们从地面往返工作面耗时长，有效作业时间短。

7.2.3.2 封闭式胶带运输

目前的井下胶带运输系统是敞开式的，在运输过程中碎矿直接暴露在通风系统中，极易扬尘，污染井下环境，并且为了防止矿石散落，一般运输速度较低且具有较大的转弯半径，难以满足深井提升要求。近年来，在地面建筑、化工、冶炼等行业的散体物料运输过程中出现了一种管状带式输送系统。该系统将胶带卷成封闭式的管状，从而包裹散体物料，可实现长距离、大落差、高效率的物料连续提升运输，如 SiCON 公司研发的封闭式胶带输送系统。其主要优点如下：

（1）将散体物料全部包裹在胶带内，防止运输过程中扬尘和滑落，可以增大运输速度（可达到 3 m/s 以上）和提高提升坡度（可达到 36°）；

（2）系统结构简单，易于扩展延伸，质量小，摩擦力小，系统能耗小；

（3）系统占有空间小，转弯灵活，具有较小的转弯半径（小于 6 m）；

（4）利用输送带的往复运行，可实现双向输送物料。

7.2.4 膏体充填技术

根据支护方法进行分类，金属矿常用的采矿方法主要有空场法、崩落法、充填法三种。充填法成本高，通常只有比较大的金矿和部分价值高的有色金属矿山才有条件采用。其他金属矿山，特别是铁矿，因为矿石价值低，一般都不采用；否则获得的效益有可能还抵不上充填的成本。但是，当开采深度超过 1500 m 甚至 2000 m 后，为了有效控制深部开采的地压活动，保证开采安全，充填法将是多数矿山包括铁矿不得不选用的方法。这是传统支护工艺的重大变革。

我国胶结充填工艺技术的应用已有 30 多年，为了从经济上提高充填采矿法的可行性，在充填材料和充填工艺方面必须进行重大改革。只有大幅度地降低充填成本，才能为在深部大规模广泛推广应用传统采矿技术创造条件。

目前广泛采用的尾砂胶结充填技术面临充填成本高、尾砂脱水速度慢、充填料浆制备质量差、管道输送中磨损与堵塞严重等关键问题。全尾砂膏体充填工艺，可在低水泥耗量条件下获得高质量的充填体，代表了充填技术的发展方向。膏体充填与传统的尾砂胶结充填相比，具有"三不"特性，即浆体不分层、不离析、不脱水。膏体强度均匀、接顶率高，能有效控制地压活动和岩层移动，保证金属矿深部开采的安全，代表了充填技术的发展方向。

膏体充填技术于 1979 年首先由德国格隆德铅锌矿开发成功。随后在国内外日益引起重视，如澳大利亚的大型矿山卡宁顿（Cannington）矿、芒特艾萨（Mount Isa）矿业公司开采深部的 3500 矿体，加拿大萨德伯里地区（Sudbary）的克莱顿（Creighton）矿等矿山都使用了膏体充填技术，并取得了良好的效果。20 世纪 80 年代，南非开展了膏体充填的研究和应用工作。随着矿体开采深度逐年增加，使得南非许多深部矿山的开采广泛采用胶结充填，特别是采用膏体充填开采对围岩进行地压控制，并逐渐成为最主要的支护方法。德国 PM 公司采用膏体泵送充填工艺，将尾砂浆浓缩到 78% 左右的浓度，用泵送到井下，在工作面加水泥（3%）充填采场[31]。这种工艺采场内不需要脱水、接顶好，充填体强度高，可以有效维护空区，有利于降温和控制岩爆。

我国也非常重视膏体充填技术的研究。金川有色公司于 1991 年引进了德国 PM 公司的技术，建成了正式膏体充填生产系统，采用戈壁碎石集料与全尾砂等量比例配制，并加水泥制备成浓度为 81%~83% 的膏体，充填体的抗压强度达到 40 MPa 以上[32]。其他如武山铜矿、大冶铜绿山铜矿、云南会泽铅锌矿等，也积极筹建了膏体充填系统。其中，云南会泽铅锌矿膏体充填系统是我国最先进、最成功的膏体充填系统。它的主要优点是可以利用全尾砂充填，且充填后不用脱水，充填体强度高，同时通过对全尾砂水淬渣的利用，可实现矿山废弃物的零排放。表 7-5 汇总了国内外典型矿山膏体充填工程的主要参数。

表 7-5 国内外膏体充填采矿法应用矿山实例

国家	矿山	充填材料	灰砂比或水泥耗量	输送方式	充填浓度/%	充填能力
加拿大	Williams	脱尾砂、粉煤灰	2%~3%	自流	73	110 m³/h
智利	EI Toqui	尾砂膏体	1%~7%	泵送	72	80 t/h
德国	Bad Grund	分级尾砂	6%	泵送	75~88	30 m³/h
坦桑尼亚	Bulyanhulu	尾砂、废石	—	自流	74	—
瑞典	Garpenberg	尾砂	5%~10%	自流	76~80	90~140 t/h
澳大利亚	Mount Isa	块石胶结	1%	皮带	—	—
	Cannington	尾砂	2%~4%	自流	79	158 t/h
赞比亚	谦比希铜矿	尾砂	1:16	泵送	71	60 m³/h
中国	金川镍矿	棒磨砂、尾砂	1:8	泵送	77~79	70~80 m³/h
	会泽铅锌矿	水淬渣、尾砂	1:8	泵送	78~81	60 m³/h
	云南某铜矿	尾砂	1:8~1:4	泵送	70~73	110 m³/h
	新疆某铜矿	戈壁砂、尾砂	1:16~1:6	泵送	75~78	90 m³/h

近年来，金属矿山逐渐进入深部矿产资源开发，膏体充填技术逐渐在铁矿具有广泛的应用。与有色金属矿床相比，铁矿床矿体厚度大、储量大，具有大规模开采条件，可实现规模效益。随着膏体充填工艺的不断简化、效率的提高、自流输送技术的开发，充填系统的投资和充填成本已大幅度降低。膏体充填在铁矿山的应用越来越多，目前有大红山铁矿、周油坊铁矿、司家营铁矿、张马屯铁矿、会宝岭铁矿、郑家坡铁矿、莱新铁矿、马庄铁矿、石人沟铁矿等。

7.2.5 地下采选联合布置模式

传统的矿山开采模式是将选矿厂布置在地表，将矿石从地下提升运输至地表选矿厂进行处理。而进入深部开采时，矿石的提升运输成本将会大大增加，那么将选矿过程放在地下完成就成为一种新的思路。比如张家湾铁矿就率先采用这种新模式[33]。

矿山采选联合开采系统工程主要包括地下采矿系统工程、地下干选系统工程、地下选矿厂系统工程及充填系统工程。矿山采用竖井与斜坡道联合开拓运输系统，开拓井巷与地下选矿厂统一布置，矿山采选联合开拓系统示意图如图 7-13 所示。

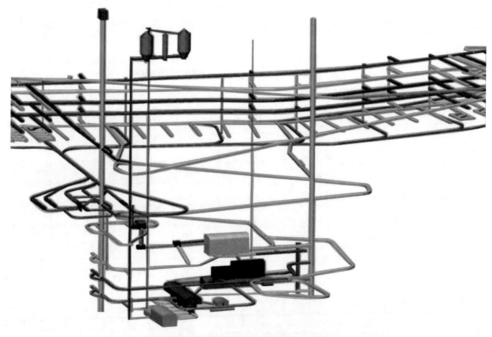

图 7-13　矿山采选联合开拓系统示意图

（1）地下采矿系统工程。地下采矿系统工程包括罐笼提升竖井一条、设备斜坡道一条、入风井一条、回风井两条（位于矿体两翼）、专用管道井一条。设-300 m 水平集中窄轨主运输水平，-220 m 初期充填回风水平；-40 m 水平为开采的最上面的回风充填水平。在-280～-40 m 水平之间设置-220 m、-160 m、-100 m 等阶段出矿水平。

（2）地下干选系统工程。在地下粗破碎后入选前设置矿石的干选系统。干选系统主要由干选皮带巷道、矿石贮矿仓（选厂前贮矿仓）、废石输送皮带巷道、干选废石仓等硐室工程组成。

（3）地下选厂工程。选矿生产井巷工程主要包括磨选硐室、尾矿浓缩及环水泵站硐室、精（尾）矿输送泵站硐室。三大硐室成阶梯布置，在-412 m 水平布置磨选硐室；在-430 m 水平布置精（尾）矿输送泵站硐室、尾矿浓缩及环水泵站硐室。相应地配套变电硐室、地下选矿厂避难硐室、各硐室间的联络巷道及管道竖井等工程。上述硐室分别通过联络巷道和运输巷道等与罐笼提升竖井、设备斜坡道、管道竖井等贯通。

（4）充填系统工程。充填系统建于地表，通过管路输送到充填区域。充填系统主要由配比搅拌站和充填泵输送管路设备组成。配比搅拌设备为浓密机、连续搅拌机、水泥仓、螺旋称重给料机等；充填泵输送管路设备主要为充填泵和充填泵输送管路等，充填系统示意图如图 7-14 所示。

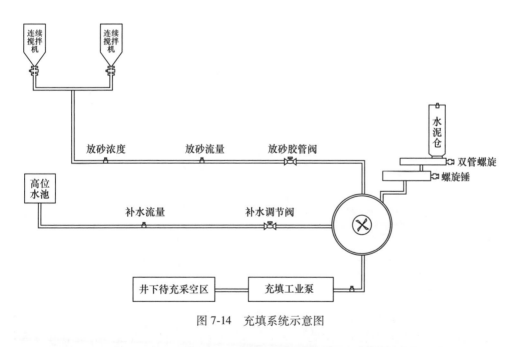

图 7-14　充填系统示意图

将选矿厂建在地下，采出的矿石直接在井下进入选厂处理，尾矿、废石直接用于采空区的充填，该种布置方案可以减少地表选矿厂的占地面积，减少提升矿石用的箕斗井及全套提升设备，同时也降低了生产过程中的提升运营成本。采用地下开采，充填采矿方法，可用地下选厂处理后的尾矿、废石直接充填采矿空区，从而减少地表错动和塌陷范围，减少征地面积，同时减少干选废石和生产过程中产生的废石的提升量，从而减少生产工序，降低作业成本。地下涌水直接用于选矿生产并循环使用，可减少井下涌水的排放量，降低排水费用。这是未来矿山深部开采的一种思路借鉴模式。

7.3 深部高效连续开采问题与发展趋势

随着浅部资源的逐渐消耗殆尽，矿产资源开发向深部发展将成为一种趋势。

与浅井或中深井开采相比，深井（含超深井）开采这一特殊环境将带来一系列安全问题，主要包括岩爆、高温、采场闭合和地震活动等，其中尤以岩爆为主要危害。

现有的控制深井矿山地压灾害的方法还在发展，但很难达到监测和预报的地步，主要还是从预防和支护上入手，比如诱导崩落法，即在矿床连续开采过程中，采取人为控制的手段利用采场顶板中聚集的能量，诱导处于临界平衡状态下的顶板在外界载荷影响下失去平衡，从而达到矿山安全生产的空区处理技术。连续采矿顶板诱导崩落技术示意图如图 7-15 所示。在澳大利亚的诺斯帕克斯矿也采取了诱导崩落技术，达到了矿山安全开采的目的。

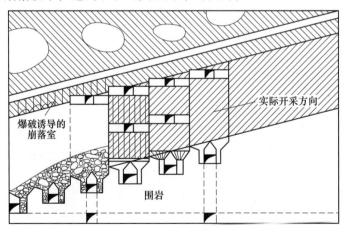

图 7-15　连续采矿顶板诱导崩落技术示意图

由于高应力硬岩开挖过程中具有好凿好爆、开挖卸荷后的围岩碎裂化及小扰动后岩石易于自裂的特点，因此可以在深入研究高应力硬岩动态扰动作用下的岩体结构与本构特征的基础上，利用相关扰动技术实现高应力硬岩原始储能的激发释放和可控利用，探索高应力硬岩矿床合理的破岩方式、采矿技术与系统模式，继而形成高应力硬岩矿床的非爆连续开采理论与技术体系。

我国在采矿技术和设备方面虽然取得了一些成就，但是在采矿方法与技术方面还没有实质性的进展，这在一定程度上制约着连续开采技术的长远发展，对于高层次的开采模式也无法达到，深部开采缺乏一套完整的连续开采理论知识体系；对于矿石的破碎程度也有待提高，在对其地下金属开采的过程中，有一种方法开采出来的矿石落矿量是极大的，即大量落矿采矿法，它是目前我国连续采矿工艺中难以解决的问题，由于破碎的矿石量大再加上一些连续作业的设备达不到所需要的要求，导致工作效率不高。因此，仍然需要对开采技术进行不断的创新与改进。

将现代化技术设备应用于连续开采技术中，从而实现自动化与机械化作业，实现连续开采工作的安全高效是一条必经之路，关键在于智能化[34]。生产设备层面，通过生产设备的智能化改造和成套智能装备的应用，实现全面感知和精准控制；矿山生产和运营管理层面，通过对实时生产数据的全面感知、实时分析、科学决策和精准执行，实现面向"矿山规划—地质建模—采掘计划—采矿设计—采矿作业（落矿—出矿—运输—提升）—选矿（破碎—球磨—浮选—浓密—脱水）—尾矿充填—尾矿排放"全流程的、以"矿石流"为主线的生产过程优化。通过对产品、设备、质量、能源、物流、成本等数据的分析，实现管理决策优化；产业层面，通过对供需信息、制造资源等数据的分析，实现资源优化配置；最后是协同创新，通过对生产过程数据和矿山运营数据的分析、挖掘，不断形成创新应用。

深部开采是一个特殊的作业环境，面临安全、工效、成本、资源回收等新的挑战，还有许多技术问题需要解决。应重点研究以下问题：

（1）研究深部矿床开采的组合式开拓方法，实现深井开拓工程量最小、提运效率最高、成本最低，间断式采矿作业与提运连续作业的系统优化；

（2）建立深井连续出矿工艺系统，提高矿山机械化、自动化水平，解决落矿高效率与出矿低效率的问题；

（3）研究深井环境再造大直径深孔采矿技术，通过采矿环境再造，实现深部松软破碎矿体和缓倾斜厚矿体的高效采矿；

（4）研究深井高应力矿岩诱导致裂落矿连续采矿技术，通过研究高应力环境下的高应力转移可控技术、强制与诱导耦合落矿技术，以实现强化连续采矿；

（5）研究井下选矿、排废与精矿水力提升技术，达到减少提升投入，废料就地回填，减少提升量，大幅降低提升成本；

（6）研究深井高浓度浆体和膏体充填技术，重点研究高浓度浆体和膏体输送技术、深管磨损和废石充填注浆技术；

（7）研究深井上行开采技术，缩短工作线长度，减少工程对上部的扰动，实现无（少）废开采；

（8）进行远程遥控和自动化采矿示范工程建设，建立深井开采机械化、智能化、遥控化的现代采矿示范工程。

此外，海洋深部开采也是未来的发展方向之一[35]。大洋多金属结核赋存于3000~5000 m深的海底，要开采就必须要有可行的采矿方法。因此，世界各国均把发展可靠的采矿方法放在优先位置，并对此进行了大量的试验研究，有的甚至还进行了深海中间采矿试验。从20世纪60年代末至今，国际上已开发和试验了的大洋采矿方法，主要分为连续链斗（CLB）采矿方法、海底遥控车采矿方法及流体提升采矿方法三类。

连续链斗（CLB）采矿方法是日本于1967年提出的。该方法较简单，主要由采矿船、拖缆、索斗和牵引船组成。按一定间隔把索斗系于拖缆上并放入海底，拖缆在牵引船的搬运下带着索斗做下行、铲取和上行动作，这种无级绳式循环运转就构成了连续采集环路。CLB的主要特点是能适应水深的变化，保持正常作业。但CLB法的产量只能达100 t/d，远达不到工业开采的要求。

海底遥控车采矿方法主要由法国提出，海底遥控车为无人驾驶潜水采矿车，主要由集矿机构、自行推进、浮力控制和压载四大系统组成。在海面母船的监控下，采矿车按照指令潜入海底采集结核，装满结核后浮出水面并到母船接受仓卸下结核，海面母船通常可控制数台采矿车同时作业。该方法采矿系统投资大，产品价值不高，在几十年内没有经济效益的情况下，法国大洋结核研究开发协会已于1983年停止研究，但这种采矿车的采运原理被视为有前途的采集技术。

目前国际上较为认可的是流体提升式采矿方法，最具有工业应用前景。该方法是当采矿船到达采区后，将集矿机和提升管接好并逐步放入海船集矿机，用于采集海底沉积物中的结核并进行初步处理，以水力或气力提升方式使管内的水以足够的速度向上运动，将结核输送到海面采矿船上。随着21世纪人类开发利用海洋以来，大洋采矿技术显得尤为重要。现代高新技术的发展为大洋资源的开发铺设了桥梁，它的形成和发展将对世界海洋经济、文化及人类海洋意识产生积极深远的影响。

参 考 文 献

[1] 谢和平. "深部岩体力学与开采理论"研究构想与预期成果展望 [J]. 工程科学与技术，2017, 49（2）：1-16.

[2] 李夕兵，姚金蕊，杜坤. 高地应力硬岩矿山诱导致裂非爆连续开采初探——以开阳磷矿为例 [J]. 岩石力学与工程学报，2013, 32（6）：1101-1111.

[3] Ragnarsdóttir K V. Rare metals getting rarer [J]. Nature Geo. Science, 2008, 1（11）：720-721.

[4] 地矿课堂. 揭秘世界最深金矿：地下4350米相当10个帝国大厦 [EB/OL].（2021-06-28）.

https：//mp. weixin. qq. com/s/BQcZvkhoEnw0bVOh6Xhhhw.

[5] Wikipedia. German continental deep drilling programme ［EB/OL］. （2016-11-20）.https：//
    en. wikipedia. org/wiki/German_Continental_Deep_Drilling_Programme.

[6] 矿业能源翻译实践与研究. 我国采矿技术的现状及发展趋势 ［EB/OL］. （2020-02-07）.
    https：//mp. weixin. qq. com/s/8lIorcSOWkSuAad2zse5kg.

[7] 金鹏，崔松. 机械化下向中深孔留矿采矿法在俄罗斯图瓦铅锌矿的应用 ［J］. 中国矿业，
    2019, 28 (S1)：179-181, 185.

[8] 王宁，乔雨. 安迪纳矿展望 ［J］. 世界采矿快报，1995 (10)：16-19.

[9] 李长根. 澳大利亚奥林匹克坝铜-铀矿山 ［J］. 矿产综合利用，2012(4)：64-68.

[10] 刘赋曲. 地下金属矿山采矿连续工艺分析 ［J］. 科技创新与应用，2018 (1)：75-76.

[11] Kh A Z A A, Nabawy B S, Agzzl A, et al. Geohazards assessment of the karstified limestone
    cliffs for safe urban constructions, Sohag, West Nile Valley, Egypt ［J］. Journal of African
    Earth Sciences, 2020, 161：103671. 1-103671. 11.

[12] 刘再涛. 分段凿岩阶段出矿连续采矿法在缓倾斜极厚大矿体中的应用 ［J］. 黄金，2020，
    41 (1)：41-43, 50.

[13] 张敬辉. 连续采矿机运输机设计与研究 ［J］. 中国金属通报，2019 (3)：134-135.

[14] 吕志鹏. 无间柱连续采矿法在凤凰山银矿的应用 ［J］. 硅谷，2014, 7 (9)：109-110.

[15] 王振昌，刘青灵，张元庆，等. 缓倾斜中厚矿体高效开采新方案 ［J］. 有色金属（矿山
    部分），2017, 69 (4)：10-14, 25.

[16] 高常华，张承明. 无轨连续采矿工艺在缓倾斜薄矿体中的应用 ［J］. 中国矿山工程，
    2016, 45 (1)：10-14.

[17] 陈永生. 无爆破采矿方法在薄矿脉中的应用与发展 ［J］. 有色矿山，1996 (1)：17.

[18] 聂兴信，甘泉，娄一博，等. 基于协同开采理念的急倾斜薄矿脉群集群连续化回采工艺
    研究 ［J］. 金属矿山，2019 (9)：28-33.

[19] 蔡美峰，薛鼎龙，任奋华. 金属矿深部开采现状与发展战略 ［J］. 工程科学学报，2019，
    41 (4)：417-426.

[20] 姚金蕊. 深部磷矿非爆连续开采理论与工艺研究 ［D］. 长沙：中南大学，2013.

[21] 赵伏军. 动静载荷耦合作用下岩石破碎理论及试验研究 ［D］. 长沙：中南大学，2004.

[22] 王勇. 旋转冲击钻井破岩理论与技术研究 ［C］//第三十届全国水动力学研讨会暨第十五
    届全国水动力学学术会议论文集（下册），2019：146-152.

[23] Chadwick J. Hard rock mobile mining ［J］. Mining Engineering, 1993 (1)：27-29.

[24] 殷超. 如何优化采掘机械化设备选型及配套方案 ［J］. 科技风，2019 (3)：143.

[25] 孟鹏，史军伟. 煤矿采掘设备的自动化设计与应用 ［J］. 河南科技，2017 (5)：94-95.

[26] Hallada M R, Walter R F, Seiffert S L. High-power laser rock cutting and drilling in mining
    operation initial feasibility tests［C］//Proceedings of SPIE-The International Society for Optical
    Engineering,2000, 4065：614.

[27] Kosyrev F K, Rodin A V. Laser destruction and treatment of rocks ［C］//Proceedings of the
    International Society for Optical Engineering. Moscow, 2002：166.

[28] 孙强，刘永红，王广旭，等. 单脉冲等离子破岩温度场仿真模拟 ［J］. 电加工与模具，

2018 (5)：61-65.

［29］王广旭. 等离子放电破岩技术基础研究［D］. 青岛：中国石油大学，2016.

［30］Rampedi M S P, Genc B. An investigation into the optimization of personnel transport at ion to level 15 and be low at Khuseleka No. 1 Shaft, Anglo Platinum［J］. Journal of the Southern African Institute of Mining and Metallurgy, 2012, 112 (4)：323-330.

［31］陈长杰，蔡嗣经. 金川二矿膏体泵送充填系统可靠性研究［J］. 金属矿山，2002 (1)：8.

［32］魏晓明，郭利杰，李长洪，等. 高阶段胶结充填体强度空间变化规律研究［J］. 岩土力学，2018，39 (S2)：45-52.

［33］唐廷宇，陈福民. 张家湾铁矿地下采选联合开采新思路［J］. 矿业工程，2015，13 (5)：11-12.

［34］海思创 Histrong. 有色金属行业智能矿山建设指南（试行）［EB/OL］.（2020-05-07）. https：//mp. weixin. qq. com/s/Yjbk-XPhzGTCYTwWtteuFA.

［35］智能矿业. 未来采矿不可不看的 6 大趋势［EB/OL］.（2020-01-14）. https：//mp. weixin. qq. com/s/iVNjn_v8By1ghCpot0A_CQ.

8 深部金属矿山采掘技术与装备

8.1 采掘技术发展现状

矿山采掘的常用施工方法主要为钻爆法和综合机械掘进法，当开采发展到深部时，综合机械掘进法将成为发展趋势。目前金属矿山深部开采仍以钻爆法为主，而煤矿深部机械开采则已经发展到一个相对成熟的程度。金属矿以硬岩为主，未来深部开采掘进的趋势必然同煤矿一样向着机械化掘进。金属矿的机械掘进工艺主要是全断面掘进，全断面岩石掘进机是一种专门为进行地下隧道建设工程而设计的高新领域设备[1]。同时，无人化、智能化技术，也是目前金属矿山正在形成的技术，虽然已经在选矿方面得到了广泛应用，但是大多数矿山一直没有认识到它的优点和潜在的效益。目前，仍把注意力放在半自动化和辅助操作控制及孔深控制上；电铲、轮式装载机和铲运机的挖掘控制等领域已成功地应用了无人化技术。它为"智能采矿"的实现提供了重要技术条件。在我国，许多矿山在开采深度增加、开采条件恶化、矿石品位下降、安全环保标准提高、国际金属市场价格波动等情况下，不时陷入困境；针对这种状况，围绕智能采矿开展相关技术研究，转变经济增长方式，逐步提升采矿技术水平，具有重要现实意义。

无论是国内还是国外的矿山，GPS、无线电通信以及激光技术在地下矿山的应用已成为现实[2]。随着微电子技术和卫星通信技术的飞速发展，采矿设备自动化与智能化的进程明显加快，无人驾驶的程式化控制和集中控制的采矿设备正逐步进入工业应用阶段。目前，先进矿山有自动化技术、遥控技术、虚拟现实技术、机器人技术、智能计算技术、大数据技术、5G技术。

8.1.1 自动化技术

自动化采矿技术，可用于解决各种恶劣条件下的采矿问题，如围岩不稳定、安全条件差、通风困难等，具有跨时代的意义。

在凿岩方面，从地面遥控的自动化凿岩（包括掘进工作面凿岩和深孔采矿凿岩）已经实现，并且在试验矿山生产中得到应用。如安百拓 SmartRocD65 钻机有三种不同的尺寸，可以承载 5 m、6 m 及 8 m 的管道，并且可以钻到 56 m 的深度[3]。当使用 8 m 管道时，只需添加一根杆就可以钻 16 m 的生产孔。COP M7 锤子的附加功率使 SmartROC D65 能够钻出直径达 110~229 mm 的孔。压缩机负载和发动机转速的智能控制，有助于优化爆破过程并改善碎裂，可以连续自动完成掘进工作面一个循环的炮孔或深孔采矿工作面一排扇形炮孔的凿岩。凿岩精度得到提高，工时利用显著增加，操作人员大幅减少，但设备移动就位和维修仍需工人下井直接干预。铲运机（LHD）和运输设备自动化发展较快，应用也较普遍。司机在地面控制室内操控，远程遥控铲装，自动行驶、卸载，再返回指定装矿点，可由单人操纵多台设备，随时切换运行模式，生产区封闭，实行交通管制。自动化 LHD 和运输设备车载导航、通信、视频、安全及远程操控系统（包括摄像头、矿山局域网天线、激光扫描器、模式显示灯、视频箱和 ACS 箱、矿山局域网和 InfraFREE 导航计算机）。地下通信系统已很完善，以工业以太环网和由电视网络主干、无线电传送器和漏泄同轴电缆及光纤组成的地下矿山通信网，在试验矿山生产中已应用多年。

在自动化装药和爆破方面，加拿大的采矿自动化计划预定研制电子雷管和起爆系统与可重复泵送、可变密度、可变能量的散状乳化炸药系统，根据凿岩时提供的岩石性质数据，能在不同炮孔装填不同密度、不同装药结构的炸药。这一项目遇到了不少困难，但研究工作仍待继续进行。芬兰的智能矿山计划也有类似的设想。撬毛和支护虽然也是危险性较大的作业，但有关这些作业自动化信息的报道却很少。目前已有七八个国家建立了远程遥控和自动化采矿的示范采区，一直正常生产，并且积累了丰富的经验。由于这是矿业发展的宏伟目标，所以异常引人瞩目。其中，采用自然崩落法的矿山以其生产工艺相对比较简单而成为自动化采矿发展较快且能连续生产的矿山[4]。

在运输方面，巴西米纳斯吉拉斯州的淡水河谷布鲁库图矿山首创了自动驾驶卡车运营，截至 2019 年底，总共有 13 辆卡车实现了自动驾驶。2018 年 9 月 11 日，在巴西里约热内卢的某矿山，运力达到 240 t 的大型拖运卡车行驶在广袤的矿区，而驾驶室内却空无一人。这些卡车仅通过计算机系统、全球定位系统、雷达和人工智能操控，就可以高效地往返于开采区与卸货区之间，如图 2-8 所示。

8.1.2　遥控技术

数字化矿山的最高层次是远程遥控和自动化采矿。人们坐在距离采矿场很远的地面控制室内，依靠地面、井下通信系统，实时自动定位、导航技术操纵智能化采掘设备完成采矿作业，即采矿办公室化。远程遥控和自动化采矿目前的技术进展情况，总体来看，矿业发达的国家如加拿大、瑞典、芬兰、智利、南非、印度尼西亚、澳大利亚等为此不懈努力，已奋斗了 20 多年，获得了丰硕的成果。

国外许多公司积极地把遥控技术应用于金属矿山，如瑞典 LKAB 公司在其地下铁矿，采用先进的遥控技术，1 人可以同时遥控 3 台铲运机作业；加拿大的 NICO 公司利用地下通信、定位与导向以及过程监控技术，遥控采矿设备及工艺系统，已成功开发出钻孔、爆破起爆、铲运和喷射混凝土等各项遥控技术；利勃海尔遥控装载机是带有智能辅助系统、新型称重装置及新的操纵杆转向装置的轮式装载机，可提高采石场的生产率[3]。

随着遥测技术、数据通信和数据处理以及机械手的巨大进步，遥控技术将成为未来采矿共同的特点。

8.1.3 虚拟现实技术

由于井下场地狭窄，环境恶劣，因此对井下设备的设计、运行、维修都提出了很高的要求。采矿设备的虚拟设计和制造，其意义不仅仅是节约资源和时间，还是完成在地面或在常规条件下无法进行的工作。英国诺丁汉大学 AIMS 研究所研究的 VR 虚拟操作系统能够进行采掘设备的操作培训，可构建较真实的采煤环境，为用户提供采煤机、梭式矿车、采煤工作面、煤层、煤层顶底板的三维模型；训练学员正确判断险情并做出相应的处理，对保证矿山人员的生命安全有重要意义；在矿山机械设备的操作培训方面，如采掘机的使用、拖车的实时驾驶等，包含了大量的虚拟矿山模型，如矿山岩体、卡车、托运线路、钻机、推土机、索斗铲、维修车、矿山工人等，以便完成虚拟环境的创建。

8.1.4 机器人技术

在我国的矿产从业人员中，从事采煤、掘进、运输、安控等危险繁重岗位的人员占比在 60% 以上，是目前最迫切需要开展"机器换人"的高危行业，机器人在矿产探测与救灾、胶带运输机巡检、综采工作面巡检等方面都有着巨大的发挥空间，用机器人代替人对整个产业生产有着不可限量的作用和意义。国内有些矿山已经率先开始在矿山的日常生产工作中应用机器人，如同煤大唐塔山煤矿在矿主井运输巷安装了两台轨道巡检机器人，该矿主运输皮带由四台 1600 kW 电机作为驱动，皮带全长 3523 m，胶带宽度为 2 m，属于大型皮带运输机，通过两台巡检机器人（图 8-1），实现了对主井机头至三联巷区段托辊、滚筒、电机等设备及沿巷管路缆线、环境条件等定时、定点、高质量、全天候的往复巡检。

8.1.5 智能计算技术

传统的矿山开采与冶炼环节，工艺设计粗放、生产环境恶劣，存在环境污染与诸多安全隐患，网络化、集成化、共享化和生态化将是该领域的重要发展方向，亟须提高自动化水平，融入前沿信息技术。同时，矿业丰富的业态、复杂的体系、庞大的体量、巨量的资金，注定了需要超越企业层面的互联网协同研发平台的出现。

以中国恩菲为例，借助天河工业云成功开展了露天矿山边坡稳定性仿真分

图 8-1 正在巡检的机器人

析、深井矿山巷道支护仿真分析及岩爆倾向预测（模型如图 8-2 所示）、深井提升系统受力状态仿真分析、深井矿山物流系统仿真分析、冶炼过程数值仿真等工

图 8-2 平台仿真计算模型

作，验证了工艺方案及设备选型的合理性，为设计方案的不断优化提供了强有力的理论参考，突破了深井大规模矿山开采中的系统整体仿真优化难题。相关成果已应用到思山岭铁矿工程、金川二矿区深部开采工程、瑞海金矿工程、刚果金穆松尼金矿工程，对于拓展海外高海拔高寒地区市场，助力国家"一带一路"建设发挥了积极作用。

8.1.6 大数据技术

在工业领域，矿山不是传统意义上的工厂模式，而是一种资源开采模式。矿山行业因为其生产的特殊性，在工业大数据的应用上呈现出与制造型工业完全不同的特点。这种服务型的大数据应用对于矿山来说是很难的，很难想象通过给矿石加上传感器来进行数据采集。所以大数据在矿山的应用还是以生产和管理为主。对于矿山来说，大数据最典型的应用有两类：一类是通过大数据应用提高企业的安全水平；一类是通过大数据应用提升企业的生产效率，从而降低成本，提升利润。2018年8月，兖矿集团公司大数据工程全面启动，兖矿集团公司与IBM公司、SAP公司合作开展了大数据工程总体规划和ERP全覆盖项目，培育了"大数据驱动决策"新模式，建设了"大数据管理智库"新平台，营造了"大数据管理融合"新生态（图8-3）。

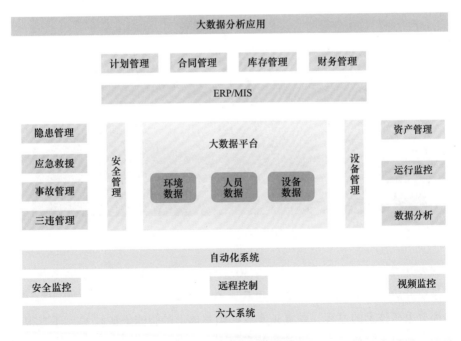

图 8-3 大数据应用分析图

8.1.7 5G 技术

5G 技术的发展历史虽然还不长，但已经到了一个相对成熟的阶段。目前，有些矿山也开始对 5G 技术的应用进行尝试。如洛阳钼业通过与河南跃薪智能机械有限公司合作，根据三道庄矿区的矿山地质条件、资源赋存形态及生产作业环境进行了一系列的采矿优化，按照生产设备操作遥控化→遥控操作远程化→无人操作智能化的步骤，逐步建立了一套高效、实用、安全的露天矿穿孔、铲装和运输生产设备智能化系统。该系统按照"最大限度利用矿山现有设备，最大限度兼容原有人工操控系统"的技术创新思路，实现了设备无人和有人值守之间的信号采集、输送、控制及自动切换，其最终目标是研发集智能开采基础数据自动采集、智能工业大数据通信、智能开采无人调度与控制、智能采矿生产执行系统、智能开采智慧生产决策和智能化采矿作业设备于一体的矿山无人开采智慧管控平台。为大幅度提高作业效率，2019 年 3 月，洛阳钼业首次将 5G 技术应用在三道庄矿区。目前，部分无人采矿设备已经调试成功并投入使用，使无人采矿作业更精准、更稳定，如图 8-4 所示。

图 8-4 由 5G 网络系统操控作业的挖掘机

国外开展智能采矿技术研究已有 30 多年的历史，国内也在逐步发展。智能采矿是研究成果不断积累、集成的过程，也是各类矿山结合实际应用相关成果、逐步提升采矿技术的过程，要真正实现矿山整体上的智能采矿技术，还有很长的路要走，但时不我待，在世界矿业的竞争中，我们要不失时机，跟踪和超越先进国家，稳步推进我国金属采矿的智能化[5]。

8.2 采矿装备发展历史与现状

8.2.1 国外矿山采矿设备发展历史

就采矿机方面，自 20 世纪 70 年代以来，英国、南非、美国等对冲击破碎进行了大量可行性研究[6]。之后，英国研制了用于煤矿的液压冲击式破碎机，主要在黏土、泥岩、页岩、粉砂岩和砂岩中进行作业，通过大量试验发现，冲击破碎的方法能在强度不高的岩体中进行开采。同期，南非研制了一种作业效率较高的旋转臂式冲击破碎机，并在金矿的长壁法开采中进行了应用。现场应用和研究表明，在矿体破碎严重的采场，采用此破碎机能显著提高生产能力；对于原岩中的采掘，如果能很好地利用裂隙，则冲击破岩效率会得到很大提高；同时，此种破岩方式有着速度快、能耗低、成本低等优势。美国 Hecia 采矿公司也研制了一种薄矿脉硬岩冲击破碎的采矿机，配备有液压冲击器及用于支撑和行走的运载装置，可在采场内通行并进行上向、下向回采，设备生产能力可达 476 t/d。

南非于 1970 年利用线性刮刀切割机在硬岩窄矿脉内进行了切割试验，此法的应用大大改善了顶板状况，可回采小至 0.45 m 宽度的矿体，但刀头在岩石中磨损严重。此后，美国矿业局利用刮刀切割式采矿机进行了硬岩开采试验，并与加拿大采矿公司合作，在切割刀头上施加了低频振动，可切割极坚硬的矿石，这种采矿机在矿岩强度很高的镍矿中实现了快速切割。

20 世纪 40 年代开始研究应用以截齿滚筒破岩的悬臂式掘进机进行不同断面的巷道开挖，起初主要用于煤巷、软岩巷道和节理发育的硬岩巷道的开挖。德国 Wirtgen 公司的连续式地表采矿机就属于此类，该公司采矿机起初只用于煤岩和软岩巷道的切割，现在已经能进行中等硬度岩石的切割。这种采矿机设计新颖、适应性强，近年来发展很快，已有系列产品，切割宽度由 500 mm 至 4200 mm 不等，最大切割深度为 60 mm，截割生产率最高可达 1500 m³/h。滚筒的切割深度以及高度均可由液压缸调节，特别适合于间层薄矿层的选择性开采。

美国 Robbins 公司相继研制了靠履带行走的移动式采矿机，该机利用周边装有盘形滚刀的大直径刀盘径向切割破岩（所切巷道的高度取决于刀盘的直径）。作业时，电机带动刀盘绕水平轴线旋转，然后由推进油缸将刀盘压入作业面，再由支臂带动左右摆动切割（所切巷道的宽度取决于该支臂的摆角），由此即可形成有圆角的矩形断面巷道。首台移动式采矿机分别在 80% 为石英岩、20% 为粗玄武岩的岩层及以石英岩和辉绿岩为主的岩层中切割了巷道。在切割中发现，岩石条件显著影响了刀具寿命，在石英岩中刀具的寿命明显低于在辉绿岩中刀具的寿命。在首台采矿机的基础上，Robbins 公司通过提高刀具刚度、刀盘结构、机体重量等方式对采矿机做了很多修改，形成的第二台采矿机的掘进效率得到了明显改善，并且能在较高强度的岩层中开展作业。

瑞典 Atlas Copco 公司于 20 世纪 70 年代后期与 Boliden 采矿公司等联合研制了采矿机，这种采矿机可在高强度的岩层中掘进马蹄形大断面巷道，掘进速度可高达 6 km/a，该机优化了支臂摆动角、刀盘旋转轴线等参数，具有较好的切割效果。

德国 Wirth 公司与加拿大 HDRK 采矿研究中心联合研制了由计算机程序控制的 CM 连续采矿机，可在强度较高的岩层中开挖带圆角的方形大断面巷道。美国 Coloarado 矿业学院研制了一台能在强度较高的岩石中掘进自由形状的大断面巷道的采矿机，掘进速度可达 8.7~12.4 m³/h。

阿科尔沃斯公司成功研制出一种新型采矿机，这种移动式采矿机（mobile tunnel miner，MTM）主要是针对硬岩掘进而设计的，并且已经被阿科尔沃斯公司成功地应用于一些工程实践中。MTM 集合灵活的巷道掘进机的优点和硬岩截割技术于一体，适合于硬岩的掘进。MTM 能够掘进各种断面形状（如矩形、马蹄形和圆形）的巷道。与传统的钻爆法相比，具有更高的效率和安全性，并且在切割时围岩受到的扰动少，从而节约了切割后的支护费用。

西方发达国家很早就开始研究自动化、数字化、智能化开采技术，为取得在采矿工业中的竞争优势，曾先后制订了"智能化矿山"和"无人化矿山"的发展规划。在井下开采方面，以装载机出矿远程遥控为核心的采矿自动化已经形成。能够实现中深孔凿岩远程遥控、铲运机出矿远程遥控与自动化运行、溜井口大块矿石破碎远程遥控运行、地下运矿卡车及无人驾驶电机车运输系统的作业[7]。

如智利特尼恩特（Teniente）铜矿日出矿量为 13 万吨，是世界上最大的地下矿山。已实现半自动出矿，装载机装载为远程遥控操作，运行和卸载由机载计算机自动操作。

芬兰基律纳铁矿位于瑞典北部，深入北极圈 145 km，基律纳铁矿设计原矿年生产能力为 2200 万吨，经系统改造和产能提升，已实现 3500~4000 万吨的年生产能力。基律纳铁矿采场凿岩、装运和提升都已实现智能化和自动化作业，凿岩台车和铲运机都已实现无人驾驶。巷道支护采用喷锚网联合支护，喷射混凝土厚度一般为 3~10 mm，由遥控混凝土喷射机完成。基律纳铁矿基本实现了"无人智能采矿"，仅依靠远程计算机集控系统，工人和管理人员就可实现远程操作。在机车上还装有品位测定仪，能将每列车上矿石的品位信息传送到中心计算机，以自动完成配矿和机车调度。在井下作业面，除了检修工人在检修外，几乎看不到其他工人。全矿有 4000 多名员工，其中从事井下作业的仅 500 人，原来铲运机司机有 100 人，现已减少了三分之二，井下人员的平均劳动生产率达到 68750 t/a，这个数据大约是中国冶金矿山井下人员平均劳动生产率 2017 年指标（3371 t/a）的

20 倍。

此外，相关资料显示，加拿大国际镍公司从 20 世纪 90 年代初开始研究自动采矿技术，拟于 2050 年在某矿山实现无人采矿，通过卫星操纵矿山的所有设备，实现机械自动采矿；美国于 1999 年对地下煤矿的自动定位与导航技术进行了研究，获得了商业化的研究成果；早在 2008 年，力拓集团就启动了"未来矿山"计划，部署了围绕计算机控制中心展开的无人驾驶卡车、无人驾驶火车、自动钻机、自动挖掘机和推土机；2018 年底，有消息称力拓（Rio Tinto）批准投资 26 亿美元，在西澳洲打造了全球首个纯"智能矿山"项目。

8.2.2 国外矿山采矿设备发展现状

近年来，发达国家的采矿装备发展迅猛，新产品、新技术不断涌现，地下采矿装备的发展尤其迅速[8]。总体来看，国外采矿设备的现状有以下特点：

（1）装备配套、高度机械化、技术成熟、高可靠性。国外先进地下采矿装备从凿岩装药到装运，井下全部实现了机械化配套作业，各道工序无手工体力操作，无繁重体力劳动。各种类型的液压钻车、液压凿岩机、柴油或电动及遥控铲运机是极普通的基本装备，装备大型化、微型化、系列化、标准化、通用化程度高。这些矿山往往选用全球知名采矿设备专业厂家的产品，如世界有名的采矿设备厂阿特拉斯公司、瓦格纳公司、GHH 公司、艾姆科公司，这些厂家的产品技术性能成熟、可靠性高、技术服务周到[9]。

（2）装备高度无轨化、液压化、自动化。目前，国外先进的采矿装备已经完全实现了无轨化、液压化；在自动化方面已经成功引进无人驾驶、机器人作业新技术。如加拿大斯托比镍矿就一直致力于提高矿山的机械化和自动化水平，该矿的矿石产量自 1990 年起，以年平均 8.7% 的速度递增，仅用 381 名矿工和 100 名维修工就使全矿每天生产 1.5 万余吨的矿石，后来此公司又组建了由两台 RoboScoop 机器人铲运机和一台 MTT-44 型 44 t 遥控汽车组成的新型自动化运输系统[10]。

（3）自动化、智能化控制管理。采矿设备的遥控和自动控制技术提高了生产效率，降低了成本，增加了安全性，还减轻了操作人员的听力损伤，对于有危险的作业具有更大的优越性。现在借助庞大而完善的矿山计算机管理信息系统和各种先进的传感器、微型测距雷达、摄像导向仪器等装置，可以实现采矿设备工况和性能的监控，达到一定程度上的智能化和自动化的作业。加拿大许多现代矿山的绝大部分日常生产都是依靠遥控铲运机进行的。国际镍公司（INCO）斯托比（Stobie）矿的破碎与提升系统已经全部实现自动化作业，2 台 WignerST8B 铲运机、3 台 TamrockDatasolo1000sixty 生产钻车、1 台 Wigner40t 已实现井下无人驾驶自动作业,工人在地表即可遥控操纵这些设备[11-14]。此外,该国已制订了一项拟在 2050 年实现的远景规划,即将加拿大北部边远地区的一个矿山变为无人矿井,从萨得伯里通过卫星操纵矿山的所有设备[15]。

总体而言,国外地下采矿装备系列齐全,装配成套,机械化程度高,从凿岩、装药到装运,全部实现了机械化配套作业,各道工序无手工体力操作,无繁重体力劳动;装备无轨化、液压化、自动化程度高。地下无轨采矿工艺是目前国际先进采矿工艺技术的标志,是未来采矿技术发展的趋势。目前,国外先进的采矿装备已完全实现了无轨化、液压化;在自动化方面,已成功地应用了无人驾驶、机器人作业等新技术。

8.2.3　国内矿山采矿设备发展现状

我国智能化技术的研发起步比较晚,但是近年来,随着国家的不断重视和扶持,国内部分大中型矿山企业的数字化设计工具普及率、关键工艺流程数控化率已经得到一定程度的提高,智能化水平也在不断提升。据悉,当前洛钼正在与联通、华为合作将 5G 技术应用于矿山生产。

智能采矿是 21 世纪矿业科技创新的重要方向,国家在"十一五"期间开展了"地下采矿设备高精度定位和无人操纵铲运机的模型技术研究""数字化采矿关键技术与软件开发""井下采矿遥控关键技术与装备的开发""千米深井地压与高温灾害监控技术与装备"等与智能采矿相关的重点攻关项目;"十二五"又启动了"地下金属矿智能开采技术"863 项目等。我国在智能采矿领域已经取得长足进步。

我国自主研发的数字矿山软件平台(如 DIMINE2010 软件)的功能已完全涵盖了矿山生命周期内的技术问题,形成了以地、测、采和生产计划为核心的矿山生产技术与管理软件系统,并在国内大中型矿山企业中得到了前所未有的成功应用。

国内一些矿山已建立了井下光纤主干通信网络,开发了与智能采矿装备相关的无线数字通信技术,并开发了井下人员设备的跟踪定位系统和井下地压灾害监控系统,以进口设备为主的遥控铲运机得到了应用等。

中国恩菲工程技术有限公司开发了"地下矿无人驾驶电机车运输技术",它将机械、采矿、变频、计算机、无线通信、总线等多学科、多领域的高端技术有效地结合在一起,实现了机车的可靠、稳定与高效运行。采用无人驾驶电机车控制系统后,在地下集中调度室可以完成对整个运输任务的控制。在运输过程中,电机车大部分时间处于自动运行状态,当条件满足时,能够以允许的最大速度运行,而在弯道、限速区域以及卸载站等均能够自动降速,从而大大提高了电机车的安全性和运输效率。在电机车装矿阶段，控制人员在地下集中调度室通过视频辅助远程遥控完成装矿操作，取消了现场操作人员。控制系统可避免超速掉轨事故、追尾事故的发生，确保电机车运输的安全性。地下集中控制室的功能也完全可以转移到地表集中调度室完成，从而节省上下井换班时间对生产的影响，增加有效生产时间。

2012 年 5 月，中国恩菲 20 t 地下矿无人驾驶电机车运输系统首先在铜陵冬瓜山铜矿−875 m 中段投入生产试运行，至 2013 年 3 月累计运输矿量 30 万吨，单系统连续无故障运行 720 h；如全面采用此项技术，则运输系统作业人员将由原来的 40 人减少至 8 人，维护工作和人员配备也会随之减少；冬瓜山铜矿已决定在−1000 m 中段运输系统全部采用该技术。

2017 年 2 月，中国恩菲工程技术有限公司与中色非洲矿业有限公司签订了赞比亚谦比希主、西矿体−500 m 中段无人驾驶电机车运输项目合同。

中国恩菲工程技术有限公司多年来一直追踪世界自动化采矿技术发展的趋势，开展研究和推动工程化应用，形成了固定设施无人值守、无人驾驶电机车运输、无轨采矿自动化作业、供配电融合控制系统和矿山信息化管理系统等关键技术，通过与国家超级计算中心共同建立中国矿业信息化协同创新中心，集成矿业大数据和云计算技术，探索为企业提供智能矿山整体解决方案。

云南普朗铜矿一期采用中国恩菲核心专长的自然崩落法采矿工艺，拥有自动放矿、无人驾驶、长距离胶带运输、井下旋回破碎等现代化设备，采用了当今世界上先进的采矿技术和装备，项目建成后，将成为国内采矿工艺最先进、装备水平最高的特大型铜矿山。中国恩菲自主研发的业绩引起了采矿行业的高度关注，这在很大程度上推进了无人开采技术的发展和智能化矿山建设。

洛阳栾川钼业集团股份有限公司澳大利亚北帕克斯矿山是一座大型的铜金生产矿山，井下采矿自 2014 年 3 月起就实现了 80%自动化，现已提升到完全自动化。矿山的无人驾驶装载车可自行运转，完成装矿、运矿和卸矿工作。

首钢矿业公司杏山铁矿已实现井下电机车的无人驾驶。

武钢资源集团程潮矿业公司成立了无人驾驶攻关团队，并于 2016 年 5 月开始井下无人电机车的测试、安装和调试工作。2017 年 7 月，该公司井下无人电机车攻关项目在线试车成功，采取多种保护措施，有效降低了井下电机车掉道、撞车频率，现−500 m 水平有 4 台无人电机车上线运行，并形成了运输环线。据分析，井下无人电机车系统每年可创效益 306 万元。

中冶北方总承包建设的酒钢镜铁山矿桦树沟矿区 2520 m 电机车无人驾驶改造项目已通过验收并进入试运行阶段。

总的来说，实现智能采矿是一个复杂的、高技术的系统工程，面临着许多科技难题[16]，还需要长期的坚持不懈的努力。

8.2.4 国内矿山采矿设备存在的问题

国内地下矿山采矿装备较矿业发达国家相对落后，主要以气动有轨设备为主，耗能高效率低，操作环境恶劣。尽管近几年高气压环形潜孔钻机、地下铲运机和地下汽车等无轨设备已成功推广，但其品种不全，使用范围不广，可靠性不高，难以满足我国地下矿山配套的多样性要求[17]。总体来看，国内采矿设备现状有以下特点。

8.2.4.1 大部分采矿装备水平偏低

我国的地下有色金属矿山分为中央直属和地方两大类，据调查，在两类矿山中采矿装备水平都普遍偏低而且远远落后于世界先进水平。有色金属产量大省辽宁的地下矿山所用的基本上还是 20 世纪 50~60 年代的设备。占全国钨产量 2/3 的地方钨矿山所用的全是国内落后和一般水平的设备[18]。广西有色矿山的效益、产量比较突出，但其装备水平仍然很低，国内先进水平还不足 20%，大量的设备都是国内一般水平，还有 30% 属于被淘汰的设备。中央直属矿山的装备水平大多也比较低，但金川镍矿、凡口铅锌矿、安庆铜矿等矿山的装备水平远远领先于其他地下矿山，甚至在凿岩和铲装方面有些已经接近甚至达到世界先进水平，但绝大多数矿山的装备水平基本上还是国内一般和落后水平。

在钻孔装备方面，大部分中小型矿山仍普遍使用气动凿岩机和潜孔钻架进行凿岩，国外广泛使用的高效液压凿岩机在我国尚未得到大量推广，进口液压采矿凿岩钻车只在国内少数矿山开始使用，国内湖南有色重机公司自行研制的液压采矿钻机还在工业验证中。接近国外先进水平的国产高气压潜孔钻机已全面取代进口产品并得到广泛推广[19]。

在装运装备方面，部分矿山仍将电耙作为主要出矿设备；有的矿山仍在采用早期的风动或电动扬斗式装岩机装岩、电机车牵引普通矿车运输；有的矿山使用铲插机、立爪式装载机装岩，梭式矿车运输；少数效益较好的矿山目前已使用上了柴油或电动铲运机和地下卡车。

在掘进装备方面，大多数中小型矿山平巷掘进主要还是采用气动手持凿岩机人工凿岩，高效液压凿岩机在我国尚未得到大量推广；天井掘进以常规的吊罐法较为普遍，劳动强度大的普通法也占较大比重；而以天井钻机为主要设备的钻进法虽有发展但不普遍，只在小井径松软岩石矿山得到了较好应用。

在辅助设备方面，国产无轨辅助设备比较落后，喷锚支护、撬毛、装药、材料辅助运输等各环节的辅助作业，还没有定型的国产无轨设备可供选用。因此，目前国内机械化程度相对较高的矿山均选用国外辅助装备[20]。

几种有色矿山的主要装备水平见表 8-1。

表 8-1　有色矿山主要设备装备水平的占比　　　　　　　　（%）

矿山	国际先进水平	国　　内		
		先进水平	一般水平	落后水平
镍矿	20.00	30.00	40.00	10.00
铜矿	0.35	14.22	46.94	38.49
钨矿	—	0.20	51.86	47.94
合计	2.14	10.39	49.88	37.59

8.2.4.2　装备国产化水平低

从 20 世纪 70 年代开始，特别是改革开放后的 20 年，我国陆续从国外引进了 700 余台铲运机以及其他无轨采矿设备，它们主要应用在国内少数大型骨干金属矿山，形成了以铲运机为核心的地下无轨采矿方法，它们的装备与国外矿山基本相同，很接近国际 20 世纪 90 年代初期的水平。这些设备在生产中发挥了很大的作用，但是由于这些设备已经使用了很多年，而且又没有国产化的备件、整机补充，已有 55% 的设备报废。仅金川公司一家每年需进口的备件就高达 100 万美元，否则将会影响正常生产。另一方面，完全依靠进口设备实现机械化开采，因其进口设备价格昂贵，是国产设备价格的 3 倍，而且备件价格高，大幅度增加了矿山建设投资和生产成本，致使采矿成本居高不下，已对矿山的发展构成一大障碍。采矿装备的国产化问题已经非常突出，必须引起高度重视，否则将会使我国地下采矿装备水平与世界发达国家之间的距离进一步拉大。

8.2.4.3　装备生产效率低，制约采矿工艺的发展

地下矿床的赋存条件变化很大、开采难度大、机械化水平偏低，我国地下矿山普遍采用的仍然是 20 世纪 50 年代和 60 年代的采矿装备。大多数矿山仍然采用气动凿岩机凿岩、电耙出矿、风动或电动铲斗式装岩机装岩、普通矿车运输。在天井掘进机械方面，仍然以常规的吊罐法较为普遍，劳动强度大的普通法也占较大比重。我国地下矿山装备无论是在采矿方面还是在掘进方面都比较落后，体现在以下各方面：

（1）大多数地下矿山依然是小巷道、小采场、多分段分散作业，没有摆脱小生产的模式，繁重的体力劳动充斥着井下各生产环节，至今还有 40% 的工作仍靠人力。

（2）矿山生产效率低。全员劳动生产率只有 0.5 t/d，仅为发达国家同类矿山的 5%~10%。

（3）采矿成本高。充填采矿法的采矿成本高达 150~200 元/吨，采矿环境恶劣，岩爆、塌方现象频繁，作业面温度高达 40 ℃，开采损失率高，部分矿山的

资源损失率高达 50%。

（4）井巷工程推进速度慢。平巷月成巷 100 m 以下，天井月成巷 50 m 以下，在采矿过程中滞后于采矿，造成采掘失调。

8.3 深部采掘技术与装备发展趋势

以互联网为代表的网络技术，使矿山开采各个环节的信息与知识在数字化描述的基础上得到流通与集成，从而使异地的、不同矿山的资源可以共享，使矿山组织的组元化、分布化和扁平化成为可能。大型矿山机械设备具有技术含量高、投资额大、批量少、工作环境恶劣及研制试验周期长等特点，其开发适合采用全球分布式网络化协作模式，能够快速响应市场需求，实现资源的全球最优配置，通过虚拟价值链，快速满足顾客价值最大化的根本需求。未来矿山机械制造系统不再是单个企业与长期合作的有限供应商的稳态组合，而是无国界的、多企业的、短期的、最优的动态系统。未来深部采掘技术与装备的发展主要体现在如下几个方面。

8.3.1 深部矿山采掘数字化

近年来，地理信息系统在许多矿山得到迅速发展，它将地质勘探数据、测量数据、地质矿床模型、全矿巷道分布、地面各种建筑设计和总图布置综合在一起，以三维立体形式表现矿山内矿床、巷道和建筑间的相互关系，一目了然地表明矿山的空间组成和结构，构成了"数字化矿山"的基础。海量数据的存贮技术、数据挖掘技术、多维可视化与虚拟现实技术以及光纤维通信技术和宽带计算机网络技术，各种新型采掘设备、选冶设备及相关控制管理系统为数字矿山建设提供了强大的技术支持。数字化矿山的功能包括：

（1）生产管理。各种数据的采集、生成，实现了物流、资金流、人员流等的实时动态查询，方便了管理层的科学决策；结合全球定位系统，实现了车辆的调度、设备作业定位导向、地面的工程测量等。

（2）生产监测控制管理。包括产品质量实时监控，电铲有效载荷称量、铲斗装载精确定位检测，设备的运行状况诊断，能源消耗的分析，露天边坡体形变、滑塌位移监测和排土场灾害防治和控制等。

美国 Modular 公司著名的 DISPATCH 软件就是典型的示例，能较大地提高矿山企业的生产效率。

数字化给矿山描绘了新的远景，挖掘整合企业的信息资源，实现采矿工业流程的再造，完成矿床地质环境建模、生产计划制订执行、生产调度、产品质量监控、设备状况诊断、人员调配、物流、资金流以及工程灾害预警、局域环境监测、特殊工况条件下专家评估决策等子系统的构建、融合，使整个企业成为一个完整、流畅的管理系统。

8.3.2 深部矿山采掘智能化

信息技术的进步，推动无人采矿技术从现行的、以传统采矿工艺自动化为核心的自动采矿或遥控采矿，向以先进传感器及检测监控系统、智能采矿设备、高速数字通信网络、新型采矿工艺过程等集成化为主要技术特征的"无人矿山"发展。

8.3.3 深部矿山采掘生态化

面对日趋严峻的资源和环境约束，紧密围绕采掘技术及装备的全生命周期设计和管理是降低能耗、污染，实现可持续发展战略的重要手段。具体措施为：

（1）采用长寿命、低能耗及减轻重量的设计原则。延长设备寿命，可减少采掘机械的生产量和降低其报废量；降低产品能耗，可减少对环境的污染；而轻量化和高效率则可减少材料和资源的消耗。

（2）尽量采用低环境负荷材料，尽可能不使用氟利昂（空调）、含氯橡胶、树脂及石棉等有害材料。使废弃零件、部件处理的污染最小化及综合成本最优化，矿山机械产品在设计初始阶段就要考虑报废件处理简单、费用低和污染小，零件、部件要解体方便、破碎容易，能焚烧处理或可作为燃料回收等问题。

（3）采用能再生利用的材料和资源，特别是结构件的设计应尽可能采用比较容易装配和分解的大模块化结构和无毒材料，提高机械材料的再生率。

（4）降低整机的振动与噪声，减轻对周围环境的污染。

（5）深部矿山采掘在装备设计中应贯彻"以人为本"的原则，考虑人、机和环境的协调，采取必要的技术措施进行安全性设计，改善作业环境，降低振动与噪声，提高操纵者的舒适性。

8.3.4 深部开采装备智能化

地下自动采矿需要研究与开发相应的先进传感技术及检测监控技术，开发智能化操作软件，通信系统向国际标准现场总线靠拢等。井下环境要素如温度、湿度、空气组分、采场地压、巷道围岩变形等变量的检测监控技术，有用矿物品位及其分布等参数的实时分析技术，基于井下环境的空间距离识别、定位及导航技术，诸如埋线导航系统、无源光导系统、有源光导系统、墙壁跟踪系统、惯性导航技术及装备，能够使智能采矿设备具有视觉、力觉、感觉等功能，能感知环境变化并做出反应，具有自适应能力。

8.3.5 深部开采装备生态化

燃料电池是一种将蓄藏在燃料和氧化剂中的化学能直接转化为电能的发电装置，由含催化剂的阳极、阴极和导电的电解质组成。燃料在阳极氧化，氧化剂在阳极还原；电子从阳极通过外部负载流向阴极，构成电路，产生电能而驱动负载工作。燃料电池与普通电池的不同在于，它工作时需要不断地向电池内输入燃料和氧化剂，通过化学反应而生成水，并释放出能。只要保持燃料供应，燃料电池就会不断工作，不断向负载供电。

燃料电池具有高效、清洁、运行安静、能量密度高的优点。美国和加拿大的一些采矿公司近年来开展了将燃料电池用于地下采矿车辆的研究。Wagner 公司与加拿大 INCO 公司进行了把 EST-6 电动地下装载机改成燃料电池地下装载机的试验。Caterpillar 公司将 R1300 型柴油地下装载机改造成了氢燃料电池-电池混合动力装载机，装机功率减少近一半，短时最大输出功率高于传统载机，实现了节能和零污染。

另外，中国有极丰富的高温岩体地热资源，西南部受印度洋板块的挤压作用，东南部受菲律宾板块的挤压作用，东部受太平洋板块的挤压作用，地质活动强烈，有优越的开发条件。高温岩体地热开发需要高效率的破岩装备，钻井温度、压力和流量的实时测试技术与装备，高温岩体地热开采成套技术与装备等。具有自主知识产权的高温岩体地热开采成套技术与装备将为矿山机械行业提供新的发展空间。

参 考 文 献

[1] 李夕兵，周健，王少锋，等. 深部固体资源开采评述与探索 [J]. 中国有色金属学报，2017，27（6）：1236-1262.

[2] 于继明，成锦，徐伟，等. 金属矿山铁尾砂无人值守发货业务系统研究与设计 [J]. 金陵科技学院学报，2019，35（1）：16-20.

[3] IntelMining 智能矿业. 盘点各大工程机械企业采矿采石业机械 [EB/OL].（2019-10-02）. https://mp.weixin.qq.com/s/N7qo7owPHs2-AsGcVWUwbg.

[4] 于润沧. 中国矿业现代化的战略思考 [J]. 中国工程科学，2012，14（3）：27-36.

[5] 赵文斌. 我国金属矿山采矿技术现状与发展趋势综述 [C]//培养创新型人才、推进科技创新、推动转变经济发展方式——内蒙古自治区第六届自然科学学术年会优秀论文集，2011：4.

[6] Scoble M. Machine mining of narrow hard rock ore bodies [J]. CIM Bulletin, 1900, 83 (935): 105-112.

[7] 房智恒，王李管，黄维新. 我国金属矿山地下采矿装备的现状及进展 [J]. 矿业快报，2008（11）：1-4.

[8] 张学稳. 地下金属矿山无轨采矿装备发展趋势 [J]. 湖北农机化，2019（18）：19.

［9］钱学军，秦鹏．先进机械制造技术在矿区采矿设备中应用［J］．世界有色金属，2017（8）：291，293.

［10］高军，王旭东，赵磊，等．重型天车无线遥控技术的应用与探讨［J］．陕西煤炭，2020，39（1）：164-167，191.

［11］张远志．煤矿主井提升系统自动化运行流程设计与实施［C］//煤矿自动化与信息化——第26届全国煤矿自动化与信息化学术会议暨第7届中国煤矿信息化与自动化高层论坛论文集．中国煤炭学会煤矿自动化专业委员会，中国煤炭工业技术委员会信息化专家委员会，2017：90-94.

［12］王伟，李祖荣．无线遥控在多中段竖井提升系统井口机械控制中的应用［J］．机电信息，2019（36）：80-81，84.

［13］夏云龙．无线遥控地下铲运机发展及液压系统改进分析［J］．中国设备工程，2019（22）：50-51.

［14］方志刚．煤矿综采工作面无人化开采技术［J］．中国石油和化工标准与质量，2019，39（19）：213-214.

［15］于润沧．论当前地下金属资源开发的科学技术前沿［J］．中国工程科学，2002（9）：8-11.

［16］古德平，周科平．现代金属矿业的发展主题［J］．金属矿山，2012（7）：1-8.

［17］刘会林，任进鹏．探究我国金属矿山地下采矿装备的现状及进展［J］．科技经济市场，2015（11）：121.

［18］易欣．我国矿山设备再制造现状与存在问题［J］．矿业装备，2016（7）：16-17.

［19］樊克恭，景春元，牛盛名，等．冲击旋转式锚杆钻机性能及应用［J］．煤矿机械，2019，40（11）：125-127.

［20］周爱民．国内金属矿山地下采矿技术进展［J］．中国金属通报，2010（27）：17-19.

9 金属矿深部多场耦合智能开采现状及其发展战略

9.1 国内外金属矿深部多场耦合智能开采现状

全球矿业正经历一场新的革命，大数据、人工智能、物联网等技术和矿山的结合越来越密切。矿山生产模式不断更新，采矿业向规模化、集约化、协同化方向发展，开始迈入智能化新阶段。

目前，国内外金属矿深部智能开采有如下特点[1-2]。

9.1.1 地下矿山日趋智能化

目前，世界上的地下矿山都在追求高效、安全，所以机械化水平、自动化水平都在不断提高。以瑞典基律纳铁矿为例，基律纳铁矿以产高品位（铁含量超过70%）铁矿石而著名，是目前世界上最大的铁矿山之一。其铁矿开采已有70多年的历史，现已由露天开采转为地下开采。基律纳铁矿智能化主要得益于大型机械设备、智能遥控系统的投入使用，以及现代化的管理体系，高度自动化和智能化的矿山系统和设备是确保安全高效开采的关键。

9.1.2 溶浸技术应用日益广泛

目前，回收低品位铜矿石、金矿石、铀矿等已广泛采用溶浸技术，在溶浸技术中有原地浸出、堆浸和原地破碎浸出三大类。

美国、加拿大、澳大利亚等国家在处理0.15%~0.45%的低品位铜矿石、2%以上的铜氧化矿石和0.02%~0.1%的铀矿石时基本上都采用堆浸和原地爆破浸出回收。以美国为例，美国采用原地爆破浸出铜的矿山就有20多个。如内华达州的迈克矿、亚利桑那州的佐尼亚铜矿铜的日产量均在2.2 t以上，蒙大拿州的巴特矿和铜皇后分矿铜的日产量为10.9~14.97 t，美国溶浸铜产量占总产量的20%以上，黄金产量超过30%，铀产量绝大部分也来自溶浸采矿。

9.1.3 深部开采技术不断提升

随着资源量的不断减少，目前采矿的深度越来越大，采深到1000 m以下，带来了许多在浅部采矿没遇到的困难和问题，如地压增大、岩温增高，同时，提升、排水、支护、通风等方面的困难也随之增大。深井矿山的常见问题包括如下方面。

9.1.3.1 提升能力

开采深度增大，首先碰到的就是矿井的提升能力问题，目前的提升机一次提升最大高度已超过 2000 m，如加拿大某一次提升的最深矿井已深达 2172 m，南非某金矿的一条竖井已深达 2310.4 m。目前，提升设备能力已完全能满足大型深井矿山的要求。

9.1.3.2 岩温和通风降温

矿山开采深度增大，岩温也随之增高，如日本丰羽铜锌矿在 -600 m 水平（大约距地表 1200 m 左右）的岩层温度已超过 100 ℃，但许多国家规定井下温度不能超过 28 ℃。深井矿山普遍采用加大井下通风风量和对井下空气进行冷却降温，即采用风冷和水冷两种方式，是二者中选用其一还是二者兼选，除了要设法降低气温外，也要重视减少井下机械设备的散热量、井下柴油设备的散热量和井下制冷设备本身的散热量问题。

9.1.3.3 地压管理和采矿方法

一般深井矿山都要建立一套完整的地压测量和监控系统，它直接关系到采矿生产能否顺利进行和生产成本的高低。岩爆是深井采矿中的突出问题，为了预测岩爆，许多矿山都在井下安装了微震监控装置，例如美国日照银矿就在 -2254 m 水平安装了微震监控装置，进行 24 h 监控。

9.1.3.4 自燃自爆

深井开采还会遇到由于矿石温度太高，造成硫化矿石自燃和在装填炸药时自爆的现象，也要引起足够的重视。我国现阶段的非煤矿山的开采深度一般都不超过 700~800 m，但近年来已有一些埋藏深度达 1000 m 左右的矿床正在开发，铜陵有色金属公司所属的冬瓜山铜矿床、金川二矿区就包含于其中。

9.1.3.5 注重矿山环保工作与综合治理

在国外，尤其是发达国家，对矿山环境都采用综合治理的措施。对矿山排出的废水、废气、废渣及粉尘、噪声等均有严格的技术标准。许多低品位的矿山，因环保治理费用太高，而无法建设和投产。

目前国外还强调建立无废料矿山和洁净矿山，德国鲁尔工业区瓦尔斯姆煤矿就是成功的例子，将洗煤厂的煤泥和煤发电燃烧后的煤灰及破碎后的井下废石加入水泥经活化搅拌，用 PM 泵打到井下充填空区，矿山不向外排任何固体废料。

9.1.3.6 充填采矿技术应用日趋广泛

目前国际上常用的充填工艺有水砂充填、干式充填、高水固体充填、胶结充填。其中胶结充填又分为分段尾砂水力充填（高浓度自溜输送）、其他充填料水力充填（高浓度自溜输送）、全尾砂膏体自溜充填及全尾砂膏体泵送充填。目前国际上推荐的是全尾砂膏体泵送充填。

根据情况的不同，采用不同的充填料：

（1）区域性支护：需采用优质的刚性充填料，减少弹性体积闭合和产生岩爆的危害。

（2）岩层控制：对充填料的质量要求不严格，但要求大范围充填，且充填料在充填后不应收缩。

（3）多矿脉采矿：对充填料的要求是在较低的应力状态下，充填料应是刚性的，以便使岩层变形位移保持最小。

（4）环境控制：为保证上盘封闭以免风流通过采空区，要求充填料不收缩，并进行大面积充填。

9.1.4　减少废石提升

在井下制备和破碎废石作为充填料，从而提高效益。

目前，加拿大已有 12 座矿山应用高浓度膏体充填，南非和澳大利亚也有新建的膏体充填系统投产。新的充填工艺将会更好地满足保护资源、保护环境、提高效益、保证矿山发展的要求。充填采矿在 21 世纪的矿业发展中将有更加广泛的前景。

9.1.5　发展大洋多金属核采矿

多金属结核赋存于 3000~5000 m 深的海底，要对其进行开采就必须要有可行的采矿方法。因此，世界各国均把发展可靠的采矿方法放在优先位置，并对此进行了大量的试验研究，有的甚至还进行了深海中间采矿试验。从 20 世纪 60 年代末至今，国际上已开发和试验了的大洋采矿方法主要分为连续链斗（CLB）采矿方法、海底遥控车采矿方法及流体提升采矿方法三类。

随着 21 世纪人类开发利用海洋的到来，大洋采矿技术显得尤为重要。现代高新技术的发展为大洋资源开发铺设了桥梁，它的形成和发展将对世界海洋经济、文化及人类海洋意识产生积极深远的影响。

9.2　我国金属矿深部多场耦合智能开采主要技术难题

智慧矿山是在数字化矿山的基础上，利用先进的物联网和人工智能技术，对生产效率进行科学提升，对生产过程进行智能调配，包含勘探、采掘、冶炼、工程机械及车辆管理、人员管理与后勤保障、职业健康与安全管理等矿山作业全流程在内的智慧化、一体化的管理模式升级。中国智慧矿山的发展历程大致可分为以下三个阶段[3]：

第一阶段：单机自动化阶段。时间大约在 20 世纪 90 年代，该阶段的典型特征为分类传感技术和二维 GIS 平台得到应用，单机传输通道得以形成，实现了可编程控制、远程集控运行、报警与闭锁。

第二阶段：综合自动化阶段。时间大约在 21 世纪初期，该阶段的典型特征为综合集成平台与 3DGIS 数字平台得到应用，高速网络通道形成，实现了初级数据处理、初级系统联动、信息综合发布。

第三阶段：局部智慧体阶段。这是当前中国矿山所处的阶段，该阶段的典型特征为建筑信息模型、大数据、云计算技术得到应用，实现了局部闭环运行、多个系统联动及专业决策。

智慧矿山并不等同于无人矿山，它只是通过智能化技术手段把管理者从繁重的、重复的体力事务（劳动）中解放出来，让管理者把更多精力放在对人的管理上；智慧矿山也不等同于简单地建设互联网/视频监控/车载 GPS 等，虽然这些都是智慧矿山的一部分，不能否认它们都非常有用，但最重要的是必须通过一个物联网系统把它们组合起来才能实现真正的"智慧"，就像人的手指一样，必须有一个强大的大脑才能让它们发挥更大的作用。

智慧矿山主要通过矿山的云中心的智能决策模型自动决策，保障生产过程各环节的自动高效运行，并通过反馈信息主动进行决策再优化，从而保证矿山经营管理经济高效地运行。目前，我国矿山智能化发展相对滞后，矿山六大系统等信息化建设现状是多数已建成了井下光纤主干通信网络，视频监测、环境监测、自动化控制已在部分大中型矿山中应用——以进口设备为主的遥控铲运机设备定位系统和井下地压灾害监控系统、先进的矿业软件等。但是，在硬件的投入与使用上，在数据整合与共享方面还处在较低水平，"数据孤岛"问题突出；采矿装备的技术水平相对落后，尤其是其自动化及信息化水平尚不能满足智能开采要求；缺少具有自主知识产权的井下通信、定位导航等实现智能开采的支撑技术与软件平台；相关技术研究力量分散，未形成强大的研发团队。

智慧矿山系统的基本架构如图 9-1 所示。

我国与矿业发达国家相比，存在如下问题：

（1）缺乏深部高应力、高温条件下的高效采矿技术，采矿成本高，井巷工程推进速度慢。深部环境复杂，缺乏开采过程精确定位导航技术，安全应急指挥与调度智能化技术急需提高，开采过程工艺复杂、设备繁多导致行进路线长、行进阻力大、行程困难多，急需研发自主行走、智能控制等关键技术。

（2）矿山机械化装备配套性差，井下大型采掘设备的制造水平低，我国地下矿山普遍采用的仍然是 20 世纪 50 年代和 60 年代的采矿装备。大多数矿山仍然采用气动凿岩机凿岩、电耙出矿、风动或电动铲斗式装岩机装岩、普通矿车运

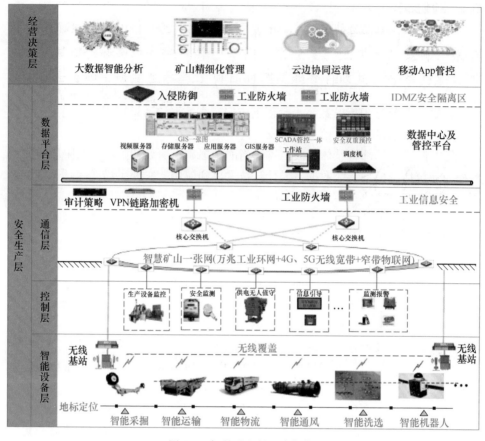

图 9-1　智慧矿山的基本架构

输。在天井掘进机械方面，仍然以常规的吊罐法较为普遍，劳动强度大的普通法也占较大比重。我国地下矿山装备无论是在采矿方面还是在掘进方面都比较落后，缺少成熟的、智能化的凿岩钻车、铲运机和矿用汽车等现代装备，以及井下精确定位导航技术；另外，现有矿山的信息化、自动化水平相对较低。

（3）采矿生产管控一体化综合信息平台开发方面的发展相对滞后。这导致在资源评价与管理、开采优化设计和生产计划编制等生产技术方面，开采环境监测与安全预警等安全管理方面，以及可视化与智能决策等生产过程管控方面，技术手段落后，信息难以共享，不能为科学决策与管理提供有效的技术支撑。需要开发全新的具有高度智能化、信息化和协同性的控制技术、决策技术、开采技术和装备体系。

（4）深部开采往往随着开采品位的下降，采掘工程量急剧上升，废弃物的处理量大幅度增加，目前缺乏有效的贫细杂难选金属矿床高效回收技术。

9.3　金属矿深部多场耦合智能开采发展战略和策略建议

基于物联网、云计算、大数据、人工智能等技术，集成各类传感器、自动控制器、传输网络、组件式软件等，形成一套智慧体系，能够主动感知、自动分析，依据深度学习的知识库，形成最优决策模型并对各环节实施自动调控，实现设计、生产、运营管理等环节安全、高效、经济、绿色是未来矿山发展的趋势。

重点要解决下列问题。

9.3.1　深井采矿模式与采矿系统的智能化

深井采矿存在高温高压、废料处理、矿石提升、深井排水等一系列问题。必须对已有的采矿工艺技术进行根本变革，研究有利于控制高应力与高井温环境的连续采矿方法及回采步序，创造大孔落矿、不留矿柱，以矿段为采矿单元的无废（或少废）开采的高强度连续采矿系统与模式。这也就意味着采矿业需要更先进的设备与技术才能继续维持生产。而智能化矿业的到来不仅是对现有矿业生存环境的一种颠覆，更是帮助全球矿业打破现有瓶颈的一艘大型"破冰船"。

自20世纪80年代中后期以来，加拿大Noranda技术中心为金属矿床地下开采研制了多种自动化设备，包括LHD铲运机和卡车的光学导航系统、遥控辅助装载系统、自动行走系统等。这些技术及系统在推广应用中取得了理想效果。Noranda的自动采矿技术及系统可以在不同的采矿条件下独立运用，也可以用于中央集群多车遥控系统，较好地适应了多个矿山开采、不同生产规模和复杂矿体条件的实际需要。

地下自动采矿需要研究与开发相应的先进传感技术及检测监控技术，开发智能化操作软件，通信系统向国际标准现场总线靠拢等。井下环境要素如温度、湿度、空气组分、采场地压、巷道围岩变形等变量的检测监控技术，矿炭爆堆的块度及其分布、有用矿物品位及其分布等参数的实时分析技术，基于井下环境的空间距离识别、定位及导航技术，诸如埋线导航系统、无源光导系统、有源光导系统、墙壁跟踪系统、惯性导航技术及装备，能够使智能采矿设备具有视觉、力觉、感觉等功能，能感知环境变化并做出反应，具有自适应能力。

9.3.2　研发智能化装备，实现机械结构健康自检测及健康自诊断

研发智能化装备是实现智慧矿山的必然选择，也是实现国家"机械化换人、自动化减人"科技行动目标唯一可行的方法。对于矿山的智慧化开采，需要对成套采矿智能装备进行更加深入的研究，涉及的研究课题有矿岩界面识别技术、成套装备协同控制的有效性、系统设备软硬件的可靠性、惯性导航控制技术、工作

面视频监控技术、矿山精细地质构造高分辨三维地震勘探技术、地理信息及煤层跟踪技术。对于矿山的安全保障，有必要研究智能化矿井物探装备、基于水化学原理的水文环境监测传感器、矿山火灾产生的典型灾害气体和温度遥测传感器。此外，还需要根据实际应用环境，对部分传感器增加视、听、振动、雷达等功能。

传统的机械结构没有生命、没有智能，不能感知外界作用和内部损伤，不能做出适当响应保护自己使结构处于最佳状态，因此外部载荷及环境的变化，以及自然及人为因素的影响，都会使其结构性能下降乃至破坏，使人民的生命财产受到严重威胁。为了保障机械结构的安全，设计者往往采用保守设计，增大结构尺寸与质量，从而增加消耗，降低结构的有效载荷，增加人力、财力和资源的消耗。随着信息工作与材料科学技术的发展，科学家和工程师们从生物体进化的学习与思考中受到启示，提出了力图从根本上解决工程结构在全生命周期内的安全，全面提高结构性能的新思路，引入智能结构和系统的概念。智能结构以生物界的方式感知结构的状态和外部环境，并及时做出判断、响应和自适应。

矿山机械的结构健康直接影响着矿山的安全生产和矿工的生命安全，矿山机械结构自检测及自诊断系统采用集传感器、控制器及执行器于一体的智能结构，赋予结构健康自诊断、环境自适应，以及损伤自修复等某些智能功能与生命特征，达到增强结构安全、减小质量、降低能耗、提高性能的目的，是未来重大矿山机械产品在线监测的方向。

9.3.3 引入 AI 技术提高矿山生产效率

近日，全球最大的铜矿公司智利国家铜业公司（Codelco）与芝加哥的 AI 技术提供商 Uptake 签订了一项协议，将在矿山运营中引入 AI 技术，以监测采矿设备的健康状况，并确保采矿作业高效运转。未来 10 年，Codelco 计划将其采矿车队和加工厂的操作自动化，在继续重新定义其整个采矿作业方法的同时捕获数据和检测效率。Codelco 安迪纳铜矿总经理 Jaime Rivera 表示，"部署人工智能将使 Codelco 能够充分利用我们的运营数据，并使我们能够通过 Uptake 的资产性能管理软件的预测能力，实现提高采矿生产率、降低成本和维护机器安全操作的目标"。

此外，借助 AI 设备，矿业可大大避免触碰环境污染的底线。例如，无人机监测在环境治理中发挥着"耳目喉舌"作用，在无人机技术的支持下，大气污染、水污染、固废污染、土壤污染都可以得到更好的监测，为环境治理提供决策依据。随着"环保热"的持续升温，环境传感器应运而生。公开资料显示，环境传感器主要包括土壤温度传感器、空气温湿度传感器、蒸发传感器、雨量传感器、光照传感器、风速风向传感器等。环境传感器可有效感知外界环境的细微变化，是环境监测部门首选的高质量仪器，也是环境监测系统的"三大基石"。AI矿山有能力把智能化环保设备投入矿山运营，同时还能做到日常环保监测，两全其美。

9.3.4 开发低品位矿床无废开采回收技术

我国金属矿床贫矿多、富矿少，多金属共生矿多、单一金属矿床少，因此生产工艺复杂、流程长，采选回收率低（铁矿 65%~70%，有色行业为 40%~75%）；废石和尾矿中大量有价元素的利用率也很低［铁矿约为 20%，有色金属矿为 30%~35%（国外为 50%以上）］。这表明我国资源回收利用的潜力还相当大，因此需要进行以下方面的研发开发：

（1）复杂难处理矿的高效选别技术；

（2）高选择性低毒（无毒）选矿药剂；

（3）废石和尾矿中有价元素提取技术；

（4）高效、节能和大型化选矿设备研制；

（5）选矿在线检测与过程自动控制技术等。

9.3.5 建立矿山多系统融合联动控制系统

研究矿山多网融合与联动控制关键技术，突破多种异构通信系统互联的问题，实现矿山程控调度、无线通信、应急广播的融合和互联互通，实现通信系统与人员定位、安全监测、自动化控制系统的联动控制，研究矿山安全生产大数据预警和移动互联网技术，突破传统被动式安全监测方式，建立主动式矿山安全预警策略，提高紧急情况下通知井下人员的效率，为矿山的应急救援和通信联络提供有效手段和安全保障。

智慧矿山顶层设计可以简化为"6+1+1"（图 9-2），即以"一张网""一张图"为基础，主运、辅运、智能化工作面等智能化设备为重点，一个平台为核心。应注重于：

（1）以无人值守为目标，提升矿山安全水平。

（2）以无线化专网构建的信息传输平台，可靠地解决移动设备的信息交互。

（3）以"一张网"为脉络，融合全矿所有信息。

（4）以"6+1+1"为纲领，实现顶层设计、分步实施。

（5）以一体化管控平台为大脑，统筹安全生产。

（6）以一个标准为纽带，打通管理层与控制层数据链。

（7）以"非军事隔离区"为护城河，满足"等保2.0"规范。

（8）以开放的公共数据库为基础，便于打造多方合作平台。

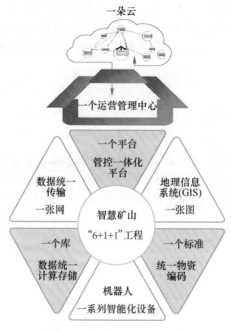

图 9-2 智慧矿山顶层设计

9.3.6 海底矿产资源开采遥控及无人操纵

占地球表面 71% 的海洋洋底蕴藏着极其丰富的矿产资源，主要包括镍、钴、锰、金、银、铝等矿产资源。深海资源开采技术是指将深海底赋存的多金属结核、钴结核、多金属硫化矿从海底采集并输送到水面的相关技术。目前只有多金属结核的开采技术已基本形成了具有商业开采应用前景的技术原型，主要内容包括海底电视系统，声呐系统，传感器与数据传输系统，不同赋存状态海底矿产资源的采集方法和机构，极稀软底和极复杂地形海底作业装备的行走与控制技术，海洋风、浪、流作用下矿物结核长距离管道输送技术，海洋采矿装备的升降补偿技术和整体系统联动控制技术等。

海底资源开采机械能够远距离操纵和无人驾驶，人在机器工作环境以外，通过人眼直接观察或借助摄像机观察机器人工作，远距离遥控。操作者本身在控制室内遥控操纵，系统应具有临场感效果，让操作者身临其境地进行操作，除要求从机器反馈回声音信号外，还要求在操作上有图形显示能力，将在机器上采集的有关机器完好情况和工作性能的信息传输到操作员工作站。在采矿机器人利用多种传感器的信息，动态实时地感知作业环境，并自主作业方面，有很多问题还有待研究。

矿山未来的发展趋势是绿色、安全、智慧、高效。绿色发展成为矿山的基本要求。安全生产仍然是采矿工作中的最大威胁，如何强调安全的重要性都不为过。技术自动化、数字化的推进仍以安全性为前提。科技创新的加快推进，大数据、互联网、遥感探测等新技术与矿业的交叉融合，数字化、智能化技术和装备的不断深入应用，使矿业发展新动能日益增加，必将为行业转型升级，实现创新发展开辟新领域。

参 考 文 献

［1］洲际矿山．未来采矿不可不看的 6 大趋势［EB/OL］.（2022-07-23）. https：// mp. weixin. qq. com/s/1f-y8nJdigiMq3iOcWFj1Q.

［2］IntelMining 智能矿业．"智能、深部、充填，盘点国外采矿技术六大发展趋势［EB/OL］.（2018-11-13）. https：//mp. weixin. qq. com/s/ULhcUFSoUPzz-qTbjneNjg.

［3］吕鹏飞，等．智慧矿山发展与展望［EB/OL］.（2018-10-16）. https：//mp. weixin. qq. com/s/MZKUhNRlSTH7tgk04CI37w.

10 金属矿深部多场耦合智能开采全球技术发展态势

10.1 全球政策与行动计划概况

国外以加拿大、瑞典、芬兰为代表，它们从国家战略层面出台了相关计划推进适应深部多场耦合环境的智能化开采技术攻关和装备研发。加拿大提出了2050计划和"UDMN/2.0"计划，旨在建成全智能无人化矿山，实现卫星遥控。瑞典制订了"Grountechnik/2000"计划，发展了阿特拉斯等一批智能采矿领军企业。芬兰启动了国家智能矿山IM、IMI研发计划，推动了山特维克等矿山设备智造领军企业的发展。欧盟启动了"地平线2020"科研规划，着力研究国际竞争性科技难题。此外，美国、南非、澳大利亚、智利等矿业大国均有矿山智能化的相关战略规划，正在逐步推进矿山智能化建设和开采运营。

国内开展了以信息化为基础、以采矿装备智能化运行及采矿生产过程自动控制为目标的地下金属矿智能开采技术与装备研究，在突破地下金属矿智能开采的关键技术，提高我国矿业企业和开采装备制造企业的市场竞争能力方面取得了重要进展，为推动我国从矿业大国走向矿业强国提供了技术支撑。例如，"数字化采矿关键技术与软件开发""地下无人采矿设备高精度定位技术和智能化无人操纵铲运机的模型技术研究""井下（无人工作面）采矿遥控关键技术与装备的开发""千米深井地压与高温灾害监控技术与装备"等项目，为遥控自动化智能采矿的发展奠定了良好基础。"十二五"期间，国家又部署了"863"研究项目"地下金属矿智能开采技术"，针对地下金属矿山的特殊性，以信息采集、井下高频宽带实时通信网络、井下定位技术、调度与控制系统等为技术手段，以井下铲运凿岩爆破装备为控制对象，通过多层次、在线实时调度与控制，优化了矿山生产过程，形成具备行业性和通用性的地下金属矿山智能开采平台。

10.2 基于文献分析的研发态势

10.2.1 全球研发态势分析

本节主要分析全球金属矿深部多场耦合智能开采领域的论文发表数量随时间

变化的趋势。通常情况下，论文发表数量逐渐增多，代表该年份领域技术创新趋向活跃；论文发表数量趋于平稳，表示领域技术研究进入瓶颈期，技术创新研究难度逐渐增大；论文发表数量趋于下降，代表该领域技术被淘汰或被新技术取代，社会和企业创新动力不足。

全球金属矿深部多场耦合智能开采领域的论文发表数量变化趋势如图 10-1 所示，从图 10-1 可以看出，2017 年、2016 年、2015 年全球在该领域的论文发表数量较多，分别为 6663 篇、6185 篇和 5288 篇。总体来看，自 2004 年以来，该领域的论文发表数量逐渐增多，说明该领域技术创新趋于活跃，步入新一轮高速发展模式。

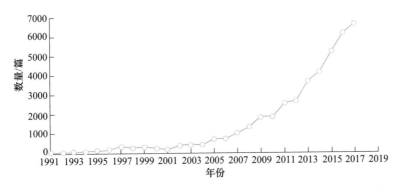

图 10-1　全球金属矿深部多场耦合智能开采领域的论文发表数量变化趋势

中国的金属矿深部多场耦合智能开采符合全球发展趋势。2016 年 5 月，全国科技创新大会提出"向地球深部进军，是我们必须解决的战略科技问题"。2017 年 10 月，在推进供给侧结构性改革中提到"运用互联网、大数据、人工智能等新技术，促进传统产业智能化、清洁化改造"，表明中国进入全面开展金属矿深部多场耦合智能开采工作阶段。

10.2.2　部分国家研发态势分析

部分国家在金属矿深部多场耦合智能开采领域的论文发表数量随着时间变化的趋势如图 10-2 所示。研究文献数量的多少反映了国家对该领域的重视程度，以及对该领域研究的支持力度，也反映了国家在该领域技术的发展状况和国际地位。

从图 10-2 可以看出，中国、美国、英国三个国家在该领域的论文发表数量较多，分别为 29067 篇、16278 篇、289 篇。相关论文发表数量较多的国家创新能力相对较强，在该领域具备相当大的技术优势。

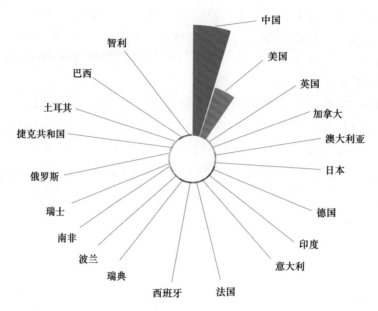

图 10-2   部分国家在金属矿深部多场耦合智能开采领域的论文发表数量变化趋势

10.2.3   学科分析

随着技术的发展与融合，领域不再是单一学科方向，领域与领域之间出现交叉融合，衍生出多个交叉学科主题，新的交叉学科主题成为一个创新方向。

图 10-3 所示为金属矿深部多场耦合智能开采领域相关学科的论文发表数量的变化趋势，其中，"矿业工程""建筑科学""公路运输"三个学科的论文发表

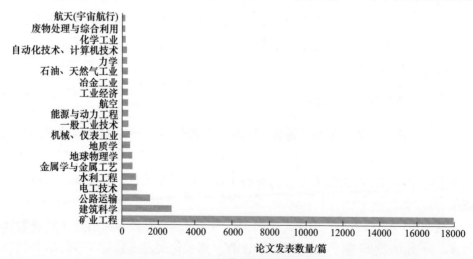

图 10-3   金属矿深部多场耦合智能开采领域相关学科的论文发表数量变化趋势

数量较多，分别为 17951 篇、2736 篇和 1546 篇，反映出金属矿深部多场耦合智能开采领域各学科的融合度。

10.2.4 词云分析

随着研究的不断深入，出现了越来越多相互关联的研究热点，形成了庞大的研究网络。词云分析能够体现领域的研究热点、研究主题，也可衍生新的专业术语。关键词的数量越多，说明该方向的热度越高，是当前研究的重点。

金属矿深部多场耦合智能开采领域的词云分析情况如图 10-4 所示。其中，"数值模拟""深部开采""多场耦合"三个关键词在文献中的数量较多，分别为 3940 个、2858 个和 1519 个。可见这三个方向是近几年金属矿深部多场耦合智能开采领域的研究重点。

图 10-4 金属矿深部多场耦合智能开采领域的词云分析情况

10.3 基于专利分析的研发态势

10.3.1 全球研发态势分析

图 10-5 所示为金属矿深部多场耦合智能开采领域的专利申请数量变化趋势。从图 10-5 可以看出，2005 年、2006 年、2011 年三个年份该领域的专利数量最多，分别为 4487 项、4324 项和 4291 项。自 1985 年起，全球金属矿深部智能开采领域的专利申请数量呈迅猛增长趋势，意味着该领域技术受到广泛的关注，相关专利日益增多。

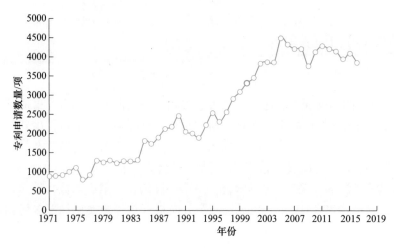

图 10-5　金属矿深部多场耦合智能开采领域的专利申请数量变化趋势

10.3.2　部分国家研发态势

专利申请数量较多的国家和地区创新能力相对较强，或者具备相当大的技术优势。部分代表国家或机构在金属矿深部多场耦合智能开采领域的专利申请数量对比如图 10-6 所示，其中发布的专利申请数量较多，分别为 33873 项、19387 项和 14171 项，表明美国、日本、俄罗斯三个国家在该领域的研发力量具有较大的

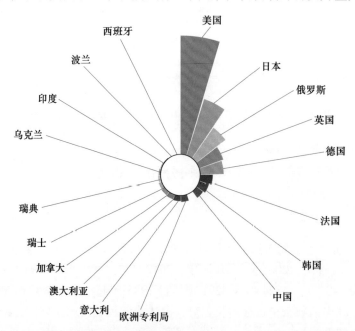

图 10-6　部分代表国家或机构在金属矿深部多场耦合智能开采领域的专利申请数量对比

优势，三个国家在设备研发和技术创新方面处于领先地位。

专利申请人的类别分为个人、高等院校、企事业单位、科研院所和机关团体。如图10-7所示，企事业单位、高等院校、个人三类专利权申请人拥有的专利数量较多，分别为2265项、1140项和425项，表明企事业单位更加注重金属矿深部多场耦合智能开采技术的创新和设备研发等工作，尤其对前期专利布局和后期产业化应用投入甚多。

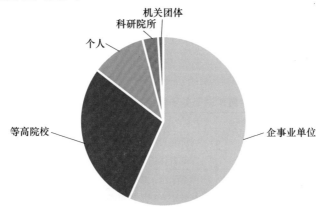

图 10-7 专利申请人类别分析

10.3.3 词云分析

通过高频关键词，词云分析金属矿山深部多场耦合智能开采领域的研发热点，有助于更好把握该领域的研发动向，更好地进行技术研发布局。该领域的专利高频关键词主要包括"present invention""mineral acid""mineral oil""alkali metal""linvention concerne""par exemple"和"linvention concerne procédé"等，如图10-8所示。

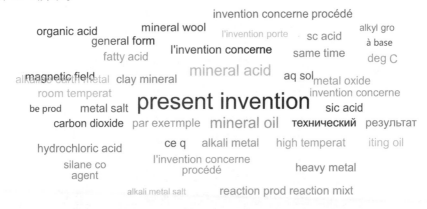

图 10-8 金属矿深部多场耦合智能开采领域的专利高频关键词

11 金属矿深部多场耦合智能开采关键前沿技术

面向 2035 的金属矿深部多场耦合智能开采战略研究，经技术态势分析、文献检索、现场调研、专家研判，确定了 5 个前沿方向共 25 项关键技术，见表 11-1。

表 11-1 金属矿深部多场耦合智能开采关键前沿技术

前沿方向	序号	关 键 技 术
深部资源开采基础理论	1	深部非传统开采方法
	2	深部膏体连续充填采矿理论
	3	深部采选一体化
	4	深部矿产与地热资源共采理论
深部岩体多场耦合机制	5	深部岩体原位力学行为与地应力环境
	6	多场耦合条件下采动岩体损伤力学理论
	7	多场耦合条件下采动岩体裂隙场时空演化规律
	8	多场耦合条件采动岩体多场多相渗流理论
深部开采环境智能感知	9	地应力智能测量技术
	10	岩体结构智能识别技术
	11	空间智能探测技术
	12	微震智能监测与灾害预警技术
	13	深部金属矿人机系统智能感知技术
深部开采过程智能作业	14	全断面掘进成井装备智能化控制技术
	15	岩体智能匹配支护技术与装备
	16	智能化连续采矿技术与装备
	17	采掘装备的无人化智能作业技术
	18	充填系统智能化控制技术
	19	井巷微气候智能调控技术
	20	高效智能提升技术及装备
深部开采系统智能管控	21	作业面大容量数据通信技术
	22	深井开采全生命周期智能规划技术
	23	开采作业全过程智能调度技术
	24	开采过程管控一体化平台
	25	开采云计算大数据分析

11.1 深部资源开采基础理论

11.1.1 深部非传统开采方法

采用机械掘进、机械凿岩方法，以连续切割技术和设备取代传统爆破采矿工艺进行开采是一个重要的发展方向。其主要优点如下：

（1）切割空间无须施爆且能明显提高围岩稳固性，无爆破地震、空气冲击波、飞石等危害；

（2）扩大开采境界，不受爆破安全境界的限制；

（3）连续作业，不受爆破干扰；

（4）能准确地开采目标矿石，根据矿层和矿石不同品级，可选别回采、分采分运，使矿石贫化率降到最低；

（5）连续切割的矿石块度适于带式运输机连续运输，可实现切割、落矿、装载、运输工艺平行连续进行。

机械切割破岩掘进与采矿技术、高压水射流破岩技术、激光破岩技术、顶板诱导崩落技术、诱导致裂破岩技术、等离子爆破破岩技术等相关研发是实现非传统爆破开采的关键。

11.1.2 深部膏体连续充填采矿理论

掘进、支护、落矿、出矿、运输、充填等采矿全工艺过程的连续化作业，是最高层次的连续开采。其中，膏体充填工艺包括尾砂浓密、粗骨料制备、水泥添加、膏体搅拌以及管道输送，通过对充填过程中各流程的自动化控制，采用智能控制系统的配料机、多点监测的搅拌系统、自动调节的泵送能力等控制技术，实现充填物料在计量控制过程中的稳定性、快速的响应能力和精度，可保障膏体连续充填作业。有待进一步突破的前沿问题包括超细、高强、价廉、速凝充填材料和充填外加剂研发，尾砂浓密理论、技术和设备开发，长距离管道自流输送理论和控制技术。

11.1.3 深部采选一体化

地下采选一体化系统摒弃传统开采的方法和思路，将选矿厂直接建到地下深部，实现矿石短距离提升、地下选矿、精矿管道输送、尾砂就近地下充填，做到地面无选矿厂和尾矿库，省去征地以及尾矿库的建设与维护管理，大幅度降低对环境、景观和生态的不良影响，同时省去矿石无益提升、尾矿排放等环节。此外，同步发展采选结合技术，主要包括原位浸出技术及适应性研究、深部矿山原位浸出的技术难点及解决方法、尾矿排放与充填采矿方法的衔接技术。

11.1.4 深部矿产与地热资源共采理论

建立深部矿产与地热资源共采的开创性系统工程，利用深部矿产资源开发的井巷工程，提高深部地热开发的热交换面积和地热输送能力，解决地热开发中增强型地热系统（EGS）技术难以克服的关键难题，通过地热开发大幅度缩减深井开采降温成本，解决深部矿产资源开采面临的高温热害问题。构建兼具实用性和经济性的"深部矿产与地热资源共采系统工程"框架，研究高温坚硬岩层地下巷道和硐室掘进与建造技术，探索深地热能交换和输送理论技术，建立深部矿产资源开采系统和地热开发系统共建、共存、共用的关键理论与技术体系，实现深部矿产与地热资源的低成本共采。

11.2 深部岩体多场耦合机制

11.2.1 深部岩体原位力学行为与地应力环境

研究深部地应力环境与岩体原位力学行为，揭示深部与浅部岩体力学行为的本质差异，建立深部岩体能量调控与工程灾害预警理论，实现深部岩体原位力学行为的准确认知，开创深部实际环境和不同工程活动方式的深部岩石力学新原理、新理论体系。

11.2.2 多场耦合条件下采动岩体损伤力学理论

考虑深部岩体的赋存环境，研究深部多场耦合对采动岩体物理力学特性的影响规律，建立深部岩体在高地应力、高地温和高渗透压多场耦合作用下的损伤力学模型，定量表征多场耦合作用下采动岩体的变形、损伤、破坏全过程。

11.2.3 多场耦合条件下采动岩体裂隙场时空演化规律

研究强扰动与强时效条件下深部采动岩体裂隙分布及演化特征，建立采场裂隙演化与多物理场的耦合作用模型，揭示高应力、高地温与高渗透压耦合作用下采动岩体裂隙场时空演化规律。以深部强烈开采扰动和强时效为出发点，提出深部多相介质、多场耦合条件下采动裂隙网络定量描述的参数指标体系，建立多相介质、多场耦合条件下采动裂隙场随工作面推进度的演化模型。

11.2.4 多场耦合条件下采动岩体多场多相渗流理论

针对深部岩体赋存环境下岩体的低渗属性，建立多相介质非达西渗流模型，研究强扰动和强时效下达西模型到非达西模型的适用转换条件，进一步探讨深部强扰动和强时效下采动裂隙中多组分气体、液体压力分布与演化规律，建立采动裂隙中气液耦合流动模型。综合考虑深部开采卸荷或应力集中等采动应力重分布因素，研究不同尺度下气液耦合流动过程。探讨深部开采岩体强蠕变过程固相、液相、气相共存的多相介质非达西渗流规律。

11.3 深部开采环境智能感知

11.3.1 地应力智能测量技术

针对深部开采"三高一扰动"问题，研发深部岩体非线性的地应力测量理论与技术、深部高应力易破碎岩体的地应力测量技术、钻进过程的原位岩体力学参数实时获取技术、深部高应力积聚区实时精准定位辨识方法、基于光学测量的新型地应力测试方法。

11.3.2 岩体结构智能识别技术

针对深部岩体内部结构面难以准确识别的问题，研发透地岩体结构智能识别技术、岩体表面与内部钻孔结构数据融合技术、露头结构面推算岩体内部节理裂隙的算法、大尺寸岩体结构智能识别技术、岩体结构面连续移动扫描技术与装备。

11.3.3 微震监测与灾害预警

针对全自动、全天候、高精度的实时监测、快速预警与防控技术难题，研发自动感知与智能诊断的分布式微震监测技术、基于互相关与双重残差的微震定位及成像技术、震源机制与应力场反演的动态分析技术、全自动震相拾取/时空定位/快速预警技术、构建深部地压监测预警与灾害防控运维云服务平台。

11.3.4 智能空间探测

针对深部井巷空间探测面临的测量条件苛刻、测量精度低、数据处理复杂等难题，研发无人机载三维激光扫描系统，攻克复杂地下空间无人机自主飞行与避障技术、复杂地下空间无人机通信信号可靠传输技术、无 GPS 条件下地下空间即时定位与成图技术、三维激光扫描巨量点云显示及模型构建技术、三维激光扫描点云漂移检测及误差标定技术。

11.3.5 深部金属矿人-机系统智能感知技术

针对深部金属矿井下人、车、岩、场的关键智能感知难题，研发深部环境人员智能穿戴装备及传感交互技术、深部环境采掘装备一体化的自动感知控制技术、深部环境下矿岩变形光纤光栅智能感知技术、深部复杂场环境的探测感知与集成反馈技术。

11.4 深部开采过程智能作业

11.4.1 全断面掘进成井装备智能化控制技术

面对全断面掘井钻机智能化程度低、装备结构大、转场困难、所需硐室规格大等难题，研发掘井钻机性能与深井环境匹配技术、深井全断面掘井钻机钻进自适应技术、深井全断面掘井钻机智能控制技术系统。

11.4.2 岩体智能匹配支护技术与装备

面向深部复杂地质条件和多场耦合智能开采环境下的地压调控与支护难题，研究深部开采过程应力场动态反演技术、深部井巷围岩力学特性及失稳垮落机理、深部高应力开采潜在地压致灾危险区评估、深部井巷分区分级的高强度智能支护技术、深部开采过程地压动态调控一体化服务平台。

11.4.3 智能化连续采矿技术与装备

由于常规采矿方法作业工序多，难以实现连续作业，故需要研发深部金属矿多场耦合智能连续开采的原理及方案、深部采场智能化采矿工艺技术、深部金属矿机械截割落矿机理、全岩不稳固岩体机械落矿截齿分布与形态、深部环境复合地层盾构开挖卸荷机理与控制技术。

11.4.4 采掘装备的无人化智能作业技术

为实现深地环境采掘装备的高效、安全和连续作业，提高深部金属矿多场耦合智能开采水平，需要研发基于开采环境和装备特性的自适应作业控制系统、基于人工智能的作业参数优化技术、开采装备故障诊断及自健康管理系统、基于周界激光扫描的定位导航技术、自主行驶空间感知及路径优化技术。

11.4.5 充填系统智能化控制技术

为实现深部充填制备精细化、过程智能化，实现稳定可靠输送，需要研发充填参数智能决策算法、充填工艺流程智能化自主运行技术、智能优化配比与精准给料制备技术、深井充填管道智能化监测与诊断维护技术。

11.4.6 井巷微气候智能调控技术

针对深部井巷环境复杂、深井按需通风面临系统复杂、调控困难等难题，研究深部井巷按需通风智能调控理论、多因素耦合矿井通风网络解算技术、深部井巷通风智能控制系统、无极节距角变频智能风机装备、通风系统与采矿协同技术。

11.4.7 高效智能提升技术及装备

针对传统提升技术在控制方式、提升高度和载荷方面难以满足深井大规模智能开采等难题，研究点驱动智能提升原理、多点连续提升分布式智能控制技术、连续提升系统智能装卸载及高效平衡提升技术。

11.5 深部开采系统智能管控

11.5.1 作业面柔性数据通信技术

为解决深井作业面井巷环境复杂、作业装备众多、信号干扰严重、协同作业困难等问题，需要研发异构网络柔性组网和高效数据传输技术、井下恶劣环境下通信装备高效防护技术、井下多级以太网环境下的高精度授时及时间同步技术，实现井下多通信基站间的数据多跳传输和快速无缝切换。

11.5.2 深井开采全生命周期智能规划技术

为解决基于商业矿业软件的深部金属矿全过程开采规划难题，需要研究深部开采地质-工程-力学-经济一体化模型、深部开采过程全过程模型构建技术、开采设计可视化实现与动态调整技术、生产计划智能化编制与优化技术，提出深部开采应力演化与开采顺序整体方案设计方法。

11.5.3 开采作业全过程智能调度技术

为解决深部过程开采装备的集群自主协同作业难题，需要研发矿山异构信息系统间的结构化融合技术、深部开采全作业链装备智能调度算法、作业区域人员装备的精准识别及定位、异常工况下人员装备应急调度决策方法、多系统多装备的高效协同控制技术、全矿区开采计划自主编排及智能派配系统。

11.5.4 开采过程管控一体化平台

为解决深部开采过程"信息孤岛"问题严重、信息重用性差、流程优化不到位等问题，需要研发管控一体化平台组织与数据协议统一方法、管控一体化平台数据与办公自动化融合技术、全矿区信息数据关联挖掘与分析预判技术、地上地下真实感显示与智能交互技术、基于增强现实的管控信息三维交互技术。

11.5.5　深部开采云计算大数据分析

为满足金属矿山行业大数据整合与分析，以及云计算服务需求，需要研究基于工业混合云的云计算大数据架构优化、深井开采大数据库构建与知识挖掘技术、多源异构线下信息获取与数据清洗技术、基于巨量数据的实时并行计算技术、云计算模式下的信息编码与数据安全技术。

12 技术发展路线图

12.1 发展目标与需求

2021—2035 年，中国金属矿产资源开发工程科技将以深部开采、智能开采、地下矿山原位利用为发展方向，致力于建立深部开采和原位利用基础理论和技术体系，解决深部开采面临的安全、提升、降温、原位开发利用等技术瓶颈，提高开采机械化、自动化、智能化程度，提高深部资源开发利用效率，减小矿石提升和回填量，减少废石、尾矿排放，安全、环保、高效地开采利用深部矿产资源。重点突破深部金属矿开采面临的多场耦合环境约束，研究突破性开采理论、多场耦合开采环境识别与控制技术，建立深部环境智能感知方法、深井智能化开采标准、矿业大数据分析理论，攻克深部开采条件智能探测和采矿作业智能化技术，研制具有自主知识产权的深部开采智能传感器和智能采掘装备，建设矿山云计算大数据管控平台。

到 2035 年，形成深部地下矿山原位开发利用新模式，形成适应金属矿山深部多场耦合智能开采理论基础、技术体系和关键技术装备；实现中型矿山机械化，大型矿山机械化、自动化，示范矿山机械化、自动化、智能化；逐步实现井下无人、井上遥控的智能开采新模式；全面实现矿山废料的资源化，保障金属矿产资源可持续发展，提高金属矿产资源自产自足能力；建成深部多场耦合智能开采示范矿山，为解决国家千米以深矿产资源规模化的开发提供支撑。

12.2 重 点 任 务

12.2.1 基础研究方向

12.2.1.1 深部全场地应力测量及构造应力场重构

针对传统地应力测量方法在深部测量中存在的理论和方法局限性，开展深部岩石工程地应力测量相关技术研究，提高原位数字化地应力测量的深部适用性，实现应力解除过程中原位岩体力学参数的实时获取。开展基于关键点控制测量、区域地质信息数学模型与物理模型的多尺度全场地应力场反演重构研究，实现工程区域信息化反馈与自适应调整的深部地应力场精准测量和反演重构，提高原位数字化地应力测量的深部适用性，实现应力解除过程中原位岩体力学参数的实时获取。主要研究内容如下：

（1）深部岩体非线性本构模型；

（2）考虑岩石非线性特征的地应力测量理论与技术；

（3）深部易碎岩体地应力测量技术，钻进过程的原位岩体力学参数实时获取技术；

（4）基于光学测量的地应力测试方法；

（5）非线性本构模型嵌入及数学物理模型多尺度耦合机制；

（6）应力场物理场多参量关联表征机理；

（7）深部高应力积聚区实时精准定位辨识方法；

（8）深部岩体多尺度地应力场自适应重构算法。

12.2.1.2　深部多场环境参量与地球物理参数的本构关系

在深部地下渗流场、温度场和化学场精准测量理论的基础上，基于定量地球物理学建立地球物理参数与环境参量之间的本构方程；通过测点已知数据实现约束反演，基于环境参量的本构方程，将钻孔精细测量的成果向整个研究区域延拓，从而实现深部地质构造精细探测技术和环境参数的精准反演。主要研究内容如下：

（1）地层渗流场、温度场和化学场的精准测量；

（2）地层渗流场、温度场和化学场异常区的识别；

（3）地下渗流场、温度场和化学场的地球物理探测新方法；

（4）基于物理化学场方程的环境参量反演方法；

（5）深部工程环境参量的定量地球物理反演方法；

（6）深部工程环境参量的综合反演方法。

12.2.1.3　深部多场耦合作用下岩体力学特征及破坏机理

针对深部开采工程面临多场耦合环境和不同于浅部的岩体非线性基础性问题，重点研究钻进过程中原位岩体力学参数实时获取技术；研究开采强扰动和爆破动荷载作用下工程结构的复杂受力特征及破坏机理等关键问题，解决影响深部开采工程高效建设与运维安全的技术瓶颈，为金属矿深部多场耦合智能开采提供全面的理论和技术支撑。主要研究内容如下：

(1) 透地岩体结构智能识别技术；

(2) 岩体表面与内部钻孔结构数据融合技术；

(3) 大尺寸岩体结构智能识别技术；

(4) 岩体结构面连续移动扫描技术；

(5) 震源机制与应力场反演的动态分析技术；

(6) 深部岩体应力场、渗流场和温度场三场耦合作用机制；

(7) 深部高温、高压条件下岩石结构变化规律；

(8) 深部围岩原位长期力学效应与稳定性。

12.2.1.4　深部智能化连续采选理论技术

围绕深部复杂地质条件下安全、高效、智能开采难题，重点开发深部金属矿山连续采掘技术体系；攻克深部开采过程应力场反演、深部岩层致灾机理及控制、高能量吸收支护等关键技术，形成采动应力场、位移场、能量场等多场动态闭环调控的岩体智能匹配支护技术；形成深部智能化连续采矿技术，实现深部充填制备精细化、过程智能化，实现矿物稳定可靠输送。主要研究内容如下：

(1) 深部金属矿智能连续开采的原理；

(2) 深部采场智能化采矿工艺技术；

(3) 深部金属矿机械截割落矿机理；

(4) 深部环境复合地层盾构开挖卸荷机理与控制；

(5) 开采过程应力场动态反演技术；

(6) 深部井巷围岩力学特性及失稳垮落机理；

(7) 深部井巷分区分级的高强度智能支护技术；

(8) 充填参数智能决策算法；

(9) 充填工艺流程智能化自主运行技术；

(10) 智能优化配比与精准给料制备技术。

12.2.2　关键技术装备

12.2.2.1　深部开采环境智能感知装备

开发新型地应力测试及多场耦合智能监测装备、可移动便携式大尺寸岩体结构连续扫描设备，解决岩体内部结构精准识别与三维建模难题。攻克无人机自主飞行、自主定位及三维激光扫描仪即时成图技术，开发地下空间无人机载三维激光扫描系统，创新地下空间形态获取手段，打破矿山传统测量方式。构建基于"人工智能+云服务"的深部全自动微震监测与灾害在线预警体系，创新微震监测在开采—监测—预警—治理中的闭环应用，大幅提高微震监测的数据分析时效性和灾变预警专业性。研发面向人、车、岩、场的深井开采环境关键参数探测感知仪器，形成深井开采空间信息多变条件下的深部采矿环境感知技术与装置集成。

12.2.2.2　深部开采过程智能作业装备

研发金属矿山深部连续采掘装备，形成深部智能化连续采矿技术与装备系统。开发深部全断面成井钻机智能化控制技术，实现成井钻机智能精准施工。完善深部井巷通风装置智能调控理论，构建深部井巷实时按需通风系统，实现通风与采矿协同。开发具有自主知识产权的深部采掘装备无人化智能作业技术，打破国外技术垄断，构筑适合中国深井作业条件的无人采矿技术体系。

12.2.2.3　深部开采系统智能管控平台

构建适合矿山工作面复杂环境下的高可靠、高带宽、高性能综合数字通信平台，实现柔性数据通信，保障深井矿山智能化生产。建立生产规划、经济收益、深井高应力环境的反馈优化机制，形成金属矿深部开采全过程智能化规划理论与方法。创建深井条件下全采区、多系统自适应智能调度技术与系统，形成开采全过程智能管理及调配解决方案。突破系统离散管控的传统模式，实现地下金属矿复杂离散系统一体化、智能化、可视化集中管控。构筑基于工业混合云平台的矿山大数据整合与数据挖掘，并实现基于云技术平台的全产业链"产、学、研、用"一体化运行模式。

12.3　技术路线图的绘制

面向 2035 的中国金属矿深部多场耦合智能开采战略研究技术路线图，如图12-1 所示。

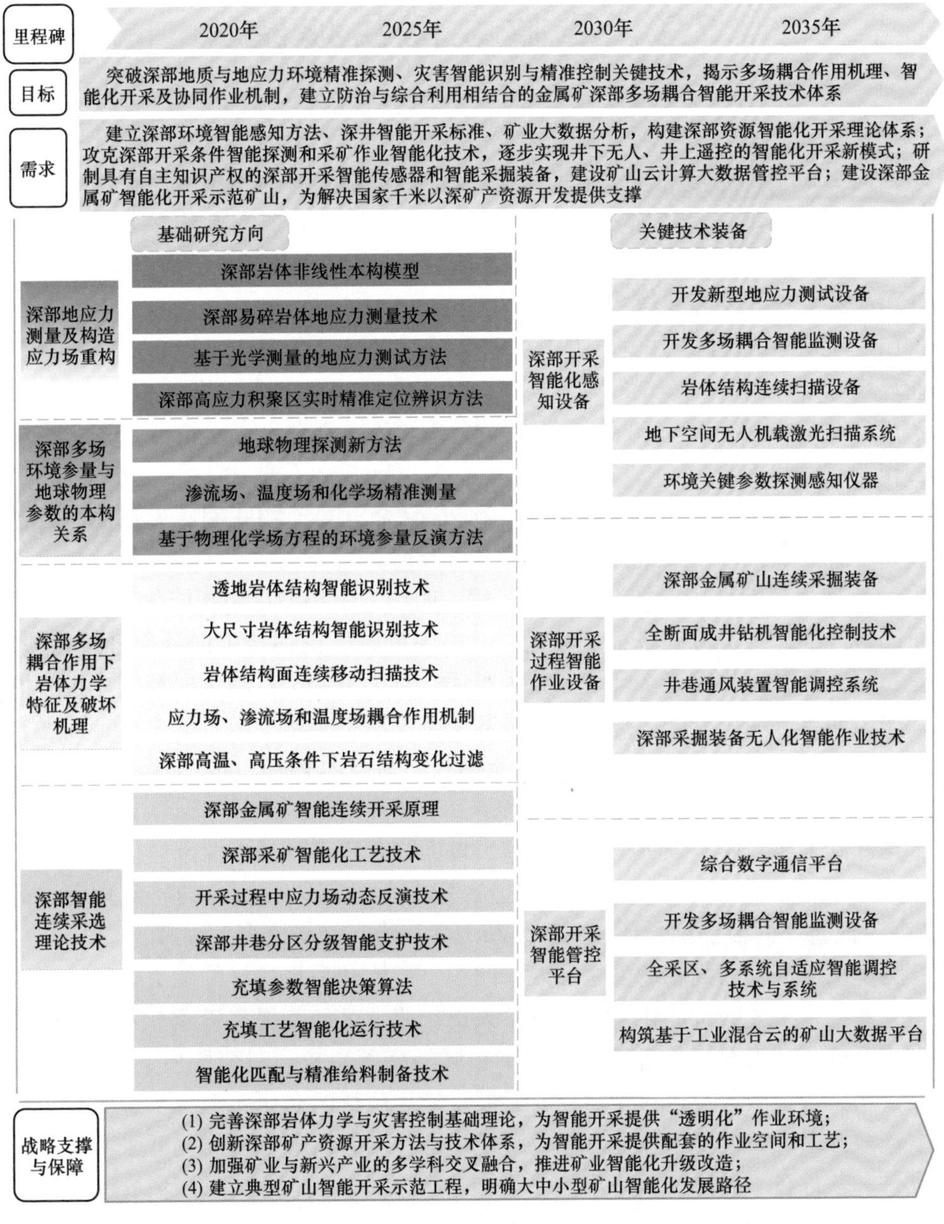

里程碑	2020年	2025年	2030年	2035年

目标	突破深部地质与地应力环境精准探测、灾害智能识别与精准控制关键技术，揭示多场耦合作用机理、智能化开采及协同作业机制，建立防治与综合利用相结合的金属矿深部多场耦合智能开采技术体系

需求	建立深部环境智能感知方法、深井智能开采标准、矿业大数据分析，构建深部资源智能化开采理论体系；攻克深部开采条件智能探测和采矿作业智能化技术，逐步实现井下无人、井上遥控的智能化开采新模式；研制具有自主知识产权的深部开采智能传感器和智能采掘装备，建设矿山云计算大数据管控平台；建设深部金属矿智能化开采示范矿山，为解决国家千米以深矿产资源开发提供支撑

基础研究方向

关键技术装备

深部地应力测量及构造应力场重构	深部岩体非线性本构模型		深部开采智能化感知设备	开发新型地应力测试设备
	深部易碎岩体地应力测量技术			开发多场耦合智能监测设备
	基于光学测量的地应力测试方法			岩体结构连续扫描设备
	深部高应力积聚区实时精准定位辨识方法			地下空间无人机载激光扫描系统
深部多场环境参量与地球物理参数的本构关系	地球物理探测新方法			环境关键参数探测感知仪器
	渗流场、温度场和化学场精准测量			
	基于物理化学场方程的环境参量反演方法			
深部多场耦合作用下岩体力学特征及破坏机理	透地岩体结构智能识别技术		深部开采过程智能作业设备	深部金属矿山连续采掘装备
	大尺寸岩体结构智能识别技术			全断面成井钻机智能化控制技术
	岩体结构面连续移动扫描技术			井巷通风装置智能调控系统
	应力场、渗流场和温度场耦合作用机制			深部采掘装备无人化智能作业技术
	深部高温、高压条件下岩石结构变化过滤			
深部智能连续采选理论技术	深部金属矿智能连续开采原理		深部开采智能管控平台	综合数字通信平台
	深部采矿智能化工艺技术			开发多场耦合智能监测设备
	开采过程中应力场动态反演技术			全采区、多系统自适应智能调控技术与系统
	深部井巷分区分级智能支护技术			构筑基于工业混合云的矿山大数据平台
	充填参数智能决策算法			
	充填工艺智能化运行技术			
	智能化匹配与精准给料制备技术			

战略支撑与保障	(1) 完善深部岩体力学与灾害控制基础理论，为智能开采提供"透明化"作业环境； (2) 创新深部矿产资源开采方法与技术体系，为智能开采提供配套的作业空间和工艺； (3) 加强矿业与新兴产业的多学科交叉融合，推进矿业智能升级改造； (4) 建立典型矿山智能开采示范工程，明确大中小型矿山智能化发展路径

图 12-1 面向 2035 的中国金属矿深部多场耦合智能开采战略研究技术路线图

13 战略支撑与保障

面向 2035 的中国金属矿深部多场耦合智能开采战略的实施需要在明确关键技术路线的基础上，发挥本国的制度优势、组织优势、资本优势、人力资源优势，建立完善的科学体系、政策框架、技术框架及人才队伍，形成产业、技术、人才等战略支撑与保障系统。

（1）完善深部岩体力学与灾害控制基础理论，为智能开采提供"透明化"作业环境。

（2）创新深部矿产资源开采方法与技术体系，为绿色智能精准开采提供配套的作业空间和工艺。

（3）加强矿业与新兴产业的多学科交叉融合，基于物联网、大数据、云计算、人工智能等技术，推进矿业智能化升级改造。

（4）建立典型矿山智能开采示范工程，明确大中小型矿山智能化发展路径。

随着浅部矿产资源开采程度的提高，中国金属矿正逐步走向深部开采阶段。但是，深部开采面临着诸多环境和技术难题。对于正处于自动化向智能化过渡的国内矿山而言，绿色开采、深部开采是其未来发展中必然要考量的主题；而融合绿色开发、智能采矿在内的新理念、新模式、新技术创新，成为深部安全、高效、环保开采的关键。

深部开采作为矿业发展的前沿领域，也面临着诸多挑战。深部岩体地质力学特点决定了深部开采与浅部开采的明显区别在于深部岩石所处的特殊环境，即"三高一扰动"的多场耦合环境下的复杂力学行为，使得诸多关键难题需要攻克。

为解决深部开采面临的安全和效率问题，智能开采是最好的解决途径。通过设备、系统、工艺的智能化升级，减少人员作业，可显著提高资源开发利用的效率和安全性。基于此，作者组织金属矿领域的高等院校、科研院所、矿山企业、矿业公司、智造服务商进行了研讨，开展了较为广泛的调研，总结了金属矿深部安全高效开采面临的复杂作业环境及环境识别技术，梳理了智能化开采需要解决的硬件和软件技术瓶颈，最终确定了面向 2035 的中国金属矿深部多场耦合智能开采的技术路线图，为金属矿智能化进程指明了基础研究和关键技术装备研发方向。通过稳步有效的产业、人才、技术保障与推进，中国金属矿智能化产业升级将步入发展的快车道。